当代汉服文化活动历程与实践

刘筱燕　主编

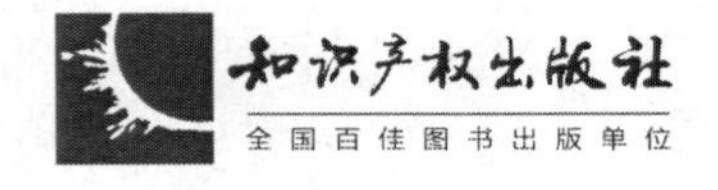

图书在版编目（CIP）数据

当代汉服文化活动历程与实践 / 刘筱燕 主编. —北京：知识产权出版社，2016.10
ISBN 978-7-5130-2671-0

Ⅰ. ①当… Ⅱ. ①刘… Ⅲ. ①汉族—民族服装—文化研究—中国
Ⅳ. ① TS941.742.811

中国版本图书馆 CIP 数据核字（2016）第 244221 号

内容提要

本书收录包括十数年来汉服复兴者的思想文选、2014 年汉服运动发展状况调查、汉服组织名录，以及中国西塘汉服文化周活动实践与相关活动等。本书以纪实性的笔触、科学的数据与严谨的分析，再现汉服及汉服文化周的发展历程与现状，对于促进各地汉服组织建设及同袍个人成长，提升社会各界对汉服运动的了解、推动汉服运动当下及未来发展的需要等均具有重要的意义。

责任编辑：刘晓庆　于晓菲　　**责任出版**：孙婷婷

当代汉服文化活动历程与实践

DANGDAI HANFU WENHUA HUODONG LICHENG YU SHIJIAN

刘筱燕　主编

出版发行：知识产权出版社有限责任公司
网　　址：http://www.ipph.cn
http://www.laichushu.com
电　　话：010-82004826
社　　址：北京市海淀区西外太平庄 55 号
邮　　编：100081
责编电话：010-82000860 转 8363
责编邮箱：yuxiaofei@cnipr.com
发行电话：010-82000860 转 8101/8029
发行传真：010-82000893/83003279
印　　刷：北京中献拓方科技发展有限公司
经　　销：各大网上书店、新华书店及相关专业书店
开　　本：787mm × 1000mm　1/16
印　　张：17
版　　次：2016 年 10 月第 1 版
印　　次：2016 年 10 月第 1 次印刷
字　　数：200 千字
定　　价：42.00 元

ISBN 978-7-5130-2671-0

委员会名单

目 录

汉服文化周
Han-Fu Cultural Festival

汉服文化周
Han-Fu Cultural Festival

汉服文化活动之思想文选

给传统汉服以新的生命力[1]

文 / 方文山

"中国有礼仪之大，故称夏；有服章之美，谓之华。"

——《左传·定公十年》疏

2003 年，河南郑州的王乐天穿着汉服出现在郑州市区，街上有人大喊："快来看呀，日本人，穿着和服的日本人！"此则新闻当时被广为报道，王乐天也被称为"当代穿汉服上街的第一人"。这则新闻的重点在于，为何穿着中华民族的传统服装上街会被以这样的方式大肆报道而得到关注？国人为何会对自己的传统服装如此陌生且夸张到误以为是日本的和服？任何一个日本人穿着和服走在京都街头，恐怕都没有人会多看一眼；或者任何一个苏格兰人穿着传统的苏格兰裙出现在爱丁堡，也不会引人侧目——因为传统服装对他们而言，就像我们端午节划龙舟，中秋节吃月饼一样，早已习以为常了。

---

[1] 方文山 . 给传统汉服以新的生命力［J］. 紫禁城，2013（8）.

“汉服”因朝代更迭等历史原因而中断了三百多年，直至中国改革开放后，国力增强、民生富裕，正所谓“仓廪实而知礼节，衣食足而知荣辱”，许多传统文化才一一复苏并得到重视。但与此同时，唯独中华民族的传统服饰尚未得到人们更多的青睐与提倡（其中尤以汉服为重）。也因此，当我在网络上看到一群身着汉服的年轻人手持“华夏有衣，襟带天地”“华夏复兴，衣冠先行”的横幅时，心中不禁感慨万千。

“汉服”不为现今社会大众所熟知的原因有很多，但究其主要原因，我认为有三个方面。其一，民间对中国传统服饰无生活熟悉感及认同感，在传统节日里不习惯穿着，日常生活中也就更没有穿着的可能。大众总觉得“汉服”似戏服，是古装剧或传统戏曲表演者演戏时才穿的衣服。其二，政府或基于政策考量，并未主导提倡。其实，提倡“汉服”并非要把“汉服”定为“国服”，而只是恢复一种传统服饰的穿着。能否在一些汉族传统节日，诸如中秋节、端午节、清明节、春节等，对“汉服”的穿着采取一定的支持或提倡态度？其三，一般人对传统汉服形式有所误解，总觉得宽袍长袖的汉服，与当代生活格格不入，在日常生活中穿着汉服也极为不便。殊不知，他们印象中的“汉服”即是礼服与祭服，都是在特定场合的穿着。“汉服”中也有常服与便服，就像在西方，人们也不会穿着礼服、燕尾服去商店买东西一样。而有关这方面的内容需要的是再教育，或者国家教育体系内应有专门介绍中国（包括各民族）传统服饰款式及其沿革的内容。从这个意义上讲，《紫禁城》杂志所设专题《打开古人的衣箱》介绍中国传统服饰（以清代之前的“汉服”为侧重）的发展脉络、沿革，在现代的“复活”等种种细节，值得着力推荐。

一直以来，我都有一种小小的使命感，总觉得应该将自己在流行音乐界工作多年所挣得的一点媒体能见度与发言权，运用在推广中国的传统文化上。其实，在各个传统领域，学有专精的博士、教授、专家和学者大有人在，根本不缺我去

关心或参与其间，但因目前各传播媒体已普遍的通俗化、流行化和娱乐化，纵使他们有相关议题想表达，但得到媒体关注的概率较小，发言的空间受限等，这是整个大环境的结构性问题，很难去改变。在这瞬息万变、生活节奏如此之快的年代，我想以通俗文化的语言推广传统文化，是门槛最低、最贴近一般人的生活，也是能获得最大能见度与影响力的方法。也因此，我给自己的定位是“联系传统艺术与通俗文化间的桥梁”。当然，论汉字、谈书法、说汉服等，我肯定没有学者和专家专精，我有的只是粗浅和基本的了解与满腔的热情。

但跟一般流行文化的工作者（不论幕前或幕后的班底）相比较，我却又比他们稍懂传统文化，且愿意分享或主动推广，甚至还能与人就以上议题“把酒话桑麻”一番。因此，我的角色其实是最适合站在通俗的流行领域，去推广较为严谨传统的艺术文化，而我也正一直努力朝此方向行进。

当代汉服文化名片的推广

文/钟　强

汉服，即当今中华汉民族的传统服饰，从“黄帝尧舜垂衣裳而天下治”开始，至明末清初的以汉民族生活圈所穿着的服饰系统，传统汉服连绵数十个朝代，制式多样，有曲裾、襦裙、直裾、圆领袍、褙子、袄裙等款式。在基本形制上，汉服具有交领、右衽、系带等特征，近千年来影响着整个东亚汉文化圈，如韩国的韩服、日本的和服皆源于汉服。

优秀的传统文化自然要继承并发扬，如今我们再提汉服推广，并非只是复古。汉服是我们中华历史渊源流长的民族服饰之一，大多数的文化特征皆来自这个民族，说汉语、认汉字、学习汉文化，都是我们践行的推广方式。振兴传统文化，需要的就是认真的态度和身体力行的实践能力。我们今天身处的是一个经济全球化、各民族文化不断交汇的时代。这样的时代，不仅需要能够将优秀的传统文化与现代中国实际相结合的精神，还需要一颗能够虚心学习其他优秀文化的心灵。与外在的霓裳华服相比，这样的精神和心灵，才更有助于我们打造出中华民族的时代新文化。而在汉服文化的发展上，同样也需要包容，在旗袍、中式服装推广

上，我们要走出汉服现代化的一条道路。

在笔者看来，汉服文化推广是当代中国一个复杂的文化现象，涉及服装、民族、历史、信仰和礼仪等诸多方面。从中华民族的文化复兴来看，汉服只是个载体，其背后涉及以汉文化为主体的中华文化的伟大复兴，这才是我们应该关注的。当前的文化发展呈现多元化状况，这是时代繁荣发展的预兆，也是政府的鼓励与民间自发力量携手共进的标志。

文化整合是文化发展过程中一个必然阶段，各种不同特质的文化行为在一定条件下经过接触、冲突、交流、融汇，最后发生形态转变被整合在一个新的文化整体之中。这一文化整体的形成往往是社会主导潮流的结果。在文化整合过程中，这一文化整体对其他文化特质的选择、舍弃和改造是有一定目的性的。文化整合需要扬弃，也需要生活方式的弘扬和回归。正如宣传汉服，宣传的不仅是一件民族服饰，更多的是它承载起的汉文化圈的生活方式。在衣食住行中，“衣”摆在首位。这代表了它的更新迭代也有相应的历史意义。汉服文化的创新也表示各种文化的结构、形式、功能和意义上的改变，它不是简单的集合，而是经过选择、涵化、融合而达到新的适应，故而是不断实践、文化创新的过程。

青年、服饰和民族三者之间具有紧密的关联。服饰是流行时尚的载体，青年是流行时尚的推动者与消费者，服饰承载着青年人的思想观念、价值诉求与人生理想。无论是西方的朋克、摩登派、嬉皮士，还是中国不同时期青年时尚的实践，从中都可以看出服饰是青年亚文化的重要直观标志与文化符号，并易于在文化工业背景下得以大规模传播流行；而服饰同时也是民族文化外在化特征的显性特征，反映了不同民族生产和生活方式、生存环境、生活水平、价值观念、审美意识、宗教信仰和民族之间的联系交往程度，是民族社会生活经验的积累、民族历史的积淀、民族文化的创造和民族智慧的结晶。由中国青年为主体的汉服运动兴起之后，我国改革开放以来的传统文化复兴思潮与社会运动才真正摆脱了“曲高和

寡”的境遇，从而实现了生活化、平民化和青年化。可以说，汉服文化作为服饰亚文化在客观上成为青年传承与传播优秀民族文化的载体，通过汉服文化，青年得以“用现代意识去激活古老的文化元素”，给博大精深的华夏民族传统文化注入了新鲜的血液，形成了“古韵今风和鸣”的氛围，建构起对传统与现代、继承与发展、文化与制度、民族与世界等复杂议题认知和深入思考的现实载体。

对于汉服本身的设计与展示的创新也是青年汉服爱好者非常热衷的，如汉服设计、汉服配套饰物设计、汉服卡通制作、拍摄汉服电影等，甚至设计汉服式样的学位服也在此之列。汉服文化创新的一个重要原因在于服饰里有非常严谨、严肃的文化，而传统文化中既有精髓，也有一些与时代格格不入的东西，比如服饰中的森严等级制。调研中我们发现，大多数汉服爱好者能够认识到这一点，并在传承汉服文化中采取了汲取精华、有所创新的学习策略。接纳汉元素，并将其融入汉服设计的创新中去是一个重要前提。91.9% 的汉服爱好者表示能够接受汉元素，这在一定程度上也源于有关是否应该复兴汉服的社会争论。汉服主要特征的各要素提炼出来称为汉元素，汉服爱好者发现，将这些汉元素运用到新汉服设计和时装设计中，在客观上扩大了汉服的社会认同度和影响力。一些时装时尚行业和旅游景区也参与进来，如某些汉元素时装发布使汉服融合了传统与现代，以及每年在西塘古镇开展的汉服文化周活动，为汉服文化推广也贡献了力量。

目前，汉服文化的复兴主要以各地汉服社坚持走秀、展示和概念推广等途径进行文化推广，宣传力度明显不够，对于汉服自身及其文化的研究还存在一些问题。首先，在汉服的制式上需要摆脱混乱的状态，建立和推广系统的分类体系来满足人们的文化认知需求，这需要专业设计人士参与进来。其次，在汉服与传统文化的结合上，不能牵强附会，应尽快掌握汉服所蕴涵的传统文化理念，这样复兴以衣冠为载体的华夏文化活动才能更加丰富而有魅力。另外，汉服如何能与现

代生活更好地结合，需要进一步摸索和建设，否则汉服文化的推广和普及将难以继续。此外，还需要设计师、汉服运动的志愿者们投入更多的智慧，以便适应现代社会各阶层人们的审美需求，消除人们在古今服饰文化时差上的历史、心理隔阂，使社会尽快接受汉民族服饰并产生自然的亲近感。

在汉服断代的特定历史背景下，对传统汉服文化的研究在充分继承的同时又要有所发展，应该是一个多层次的体系。我们需要从传统汉服文化的形制体系、汉服的文化内涵和汉服的传承方式等多方面来进行探索，积极地实现汉服“从古到今”的相对连续性过渡，使人们可以从多个层次、多种渠道认知和选择汉服，让汉服文化在未来的岁月里更加璀璨夺目。

汉服时尚潮流化

文 / 江怡蓉[1]

记得20年前我在当模特时，因为设计师也是汉元素爱好者，设计师就希望可以结合时尚，在当时开启了我对汉元素、汉文化的接触。

而在2014年因缘际会，我再次接触汉服并参与了第二届汉服文化周的形象拍摄。当时，我提供了一个大胆的创意，就是拍广告上穿汉服舞芭蕾的形象照。再加上第三届汉服文化周汉服时尚秀的工作，我看到一群年轻的朋友，他们都是汉服爱好者并为汉服做出了很多努力。我感恩有机会可以与他们共同努力，极力推广汉服。

这两年，内心一直有个声音在与我对话："为什么现代人总认为汉服是古装，是戏服？""为什么汉服无法成为时尚？""为什么一定要用传统的眼光来看待汉服？""为什么……"太多的为什么。

而如何让汉服可以成为时尚？如何让现代人像接受流行服饰一样接受汉服？如何让汉服不再是古装？又如何在传统的汉服元素中去寻找它现代的定位与新价

[1] 江怡蓉，北京拾玖文化，汉服时尚观察家。

值？可以让一般老百姓接受并用在生活中？

在“今与古”“新与旧”“现代与传统”中，如何寻求一个平衡点？

重新赋予“汉服时尚潮流化”正是我想去做的。

浅谈历代汉服的特征与共性

文 / 月怀玉

“中国有礼仪之大，故称夏；有服章之美，谓之华。”每一个民族都有属于自己民族的代表性服饰，汉族的传统服饰称为汉服。从“黄帝尧舜垂衣裳而天下治”的衣裳发展而来的，据《史记》载，华夏衣裳为黄帝所制。“黄帝之前，未有衣裳屋宇。及黄帝造屋宇，制衣服，营殡葬，万民故免存亡之难。”

汉服不是指汉朝的服装，而是指汉民族的民族服装，从轩辕黄帝垂衣裳以治天下至今，汉服已有四千多年的历史，因为历史的原因在明末清初消亡。汉族是人数最多的民族却没有了自己的民族服装，很长一段时间我们遗忘了它，直到 2003 年 11 月 22 日，汉族男子王乐天穿起了在日常生活中绝迹了长达 358 年之久的汉族服装，使汉服重现街头。

新加坡《联合早报》的一篇报道，让无数的汉族儿女终于知道，原来我们汉族也是有传统服装的。那一刻我们心潮澎湃，欢欣雀跃，我们的服装不是西装牛仔裤，不是旗袍也不是蕾丝裙。我们的服装叫汉服，一个沉睡了几百年的名词，又回到了我们的耳边。

从此，无数的汉家儿女走上了传承与发扬汉服的道路。从秦汉时期常见的服饰深衣、唐代的襦裙、宋代的衣裳褙子，到明代盛行衣掩裙的袄裙打扮，都是大家深爱的汉服款式。长袄立领、短袄低领，通常配穿有彩绣装饰的马面裙，已经是现在女孩子们出行的日常装扮了。

秦汉时期，男子以袍为贵。秦汉服装面料重锦绣，绣纹有鸟兽云山或藤蔓花草；织锦有复杂的几何菱纹，以及织有文字的通幅花纹。遵循古代帝王臣僚参加重大祭祀典礼时戴冕冠的规制，冕冠形制为：綖板长一尺二寸，宽七寸，前圆后方，里用红、绿二色，冠表涂黑色。凡戴冕冠者，都要穿冕服。冕服为玄衣纁裳，中单为素纱，红罗襞积，佩玉革带，大带两边围绿，素表朱里，下绿锦，上朱锦，小绶有玄、白、绿三色，大绶有赤、玄、缥、黄、白、绿六彩；三玉环、黑组绶、白玉双佩和佩剑，朱袜，赤九、赤舄，组成一套完整的服饰。根据汉朝制度，皇帝冕冠用十二旒，质为白玉，衣裳有十二章纹；三公诸侯七旒，质为青玉，衣裳九章；卿大夫五旒，质为黑玉，衣裳七章；通天冠为皇帝的常服，其衣为深衣制。禅衣为上下连属，样式与袍略同，但无衬里，为穿在袍服里面或夏日居家时穿的衬衣，也可以解释为罩在外面的单衣。

而这一时期的女子服饰主要分为两类，见《礼记·深衣》“续衽钩边”（唐·孔颖达疏）。《汉书·江充传》：“充衣纱縠禅衣，曲裾后垂交输，冠禅缅步摇冠，飞翮之缨。”深衣分为直裾和曲裾。直裾，衣襟裾为方直，区别于曲裾。裾就是指衣服的大襟。衣裾在身侧或侧后方，直裾下摆部分剪裁为垂直，没有缝在衣上的系带，由腰带固定。汉代以后，盛行于先秦及西汉前期的绕襟曲裾逐渐消失，至东汉以后直裾普及，成为深衣的主要模式；而曲裾深衣在未发明袴的先秦至汉代较为流行。从出土的战国、汉代壁画和俑人来看，开始男女均可穿着。女子稍显紧窄，而男子曲裾的下摆较宽大。慢慢地，男子曲裾越来越少，曲裾作为女子衣装保留的时间相对长一些。日常用的襦裙，上襦下裙的女服样式早在战国时期已经出现。这个时期的襦裙样式多为窄袖交领、长及腰间，下垂至地。

魏晋和南北朝时期，服饰有所改变。文帝曹丕制定九品官位制度，“以紫绯绿三色为九品之别”，这一制度历代沿袭而用。

南北朝时期，北方短衣打扮的袴褶渐成主流，不分贵贱、男女均穿。鲜卑族北魏朝于太和十八年（公元 494 年）迁都洛阳后，魏孝文帝推行汉化政策，改拓跋姓氏，率“群臣皆服汉魏衣冠”，史称孝文改制。孝文改制使秦汉以来冠服旧制得以延续。

到隋唐时期，服饰的发展变得色彩更加丰富。彩锦织成绚丽的花纹，在半臂和衣领边缘用作装饰，并有五色彩绣和金银线绣等，印染花纹也复杂了许多。隋唐时期，男子上层人物穿长袍，官员戴幞头，百姓着短衫。到五代，天子和百官的官服用花纹颜色区分官阶。隋唐女装崇尚襦裙，短上衣加长裙，裙腰以带高系及腋下，并配以半臂，历久不衰，男子也有穿着。当时，还流行用薄纱罗制作披帛，一端固定在半臂的胸带上，再披搭肩上缠绕于手臂间。

宋代时期，官服服色沿袭唐制，三品以上服紫、五品以上服朱、七品以上服绿、九品以上服青，面料多以罗锦缎为主。宋代代表性服饰为交领大袖的宽身袍衫、东坡巾。袍用深色材料缘边，东坡巾为方筒状，传说为著名诗人苏东坡创制。宋代女服仍以衫、襦、褙子、裙为主，衣服大多领边、袖边、大襟边、腰部和下摆部位分别镶边或绣有装饰图案，采用印花、刺绣和彩绘工艺。1975 年，在福建省的浮仓山出土宋代女子衣装，为研究提供了非常好的资料。

至明代，明太祖朱元璋“上承周汉，下取唐宋”，重新制定了服饰制度。明代的男装，多穿青布直身的宽大长衣，头上戴四方平定巾，一般平民穿短衣，裹头巾。明代有一种名“霞帔”，每条霞帔宽三寸二分，长五尺七寸，绕过脖颈，披挂在胸前。由于下端垂有金或玉石的坠子，一般为礼服制。明代的披风男女均可穿着，《朱氏舜水谈绮》提到了披风的制作：“（披风）造衣帛及色与道服同，

但披风对衿而无镶边……膺有纽扣，用玉作花样，或用小带亦可。”

披风的形制为直领对襟，衣身两侧开衩，领的长度约一尺，大袖敞口，前后身分开。衣襟缀有系带或使用花样纽扣扣系。明代盛行的上袄下裙，上袄的领式很多，有交领、方领和竖领，配以褶裙或马面裙。马面裙前后共有四个裙门，两两重合，侧面打裥，中间裙门重合而成的光面，俗称“马面”。两侧的褶为活褶，有装饰裙襕的，有无花纹的，也有装饰底襕和膝襕的，是现在汉家女子最喜爱的汉服常服款式。

关于汉服的记载数量繁多，汉服历代变迁，但交领右衽的特征不变，衣服均有中缝。《礼记·深衣》：“负绳抱方者，以直其政、方其义也。背缝垂直而领子正方，象征政教不偏，义理公正。”汉服的礼服一般是宽袖，汉服的袖子又称“袂”，袖宽且长是汉服礼服的一个显著特点。汉服的款式虽然繁多复杂，且有礼服、常服和特种服饰之分，根据其整体结构主要分为三大种类。第一种是“上衣下裳”相连在一起的“衣裳”制，如袍、直裰、褙子、直裾深衣、曲裾深衣等；第二种是“上衣下裳”分开的“衣裳”制，如玄端、冕服等；第三种是“襦裙”制，如齐腰襦裙、对襟襦裙和齐胸襦裙等。

汉服是汉民族传承四千多年的传统民族服装，是“四书五经”中的冠服系统，以儒家经典《诗经》《周礼》《礼记》为基础传承下来的民族文化。从数百年的被遗忘到今天的得到发扬，其中经历了无数的误解与争论，辛酸与磨难。终于初见成绩。曾经穿汉服出去被说是拍戏，到今天走在路上连小朋友都能叫出汉服，离不开同袍们和汉服文化周对汉服热爱与宣传。

同袍们，让我们记住，我们是汉族，在未来56个民族齐聚的重大节日，我们不再孤单。汉族也有代表性的服饰，那就是汉服！

让汉服伴随礼乐复兴——当代汉婚

文 / 王　辉[1]

告别婚纱穿起汉服——当代汉式婚礼的出现与实践

很多同袍唏嘘汉服的坎坷历史，却未曾注意到随同汉服一同消失改变的还有我们的礼乐文化，进而还有思想道德的丢失。很多礼仪规范也完全沦落为封建统治阶级从精神上奴役民众的工具，早已失去了礼乐教化于民，促进和谐社会建设关系的积极作用。

反过来看今天，汉服的重新复兴，也必然会与传统礼乐的复兴相互影响，互搭便车。早在汉服实践的早期，就有同袍（蒹葭从风、溪山琴况）总结了系统的汉礼仪复兴方案。

依托这些最直接的资料，汉礼仪首先在几乎每个人都会经历的人生大礼婚礼中得到了实践。

重新挖掘整理并得以实践的婚礼形式当然与西式婚礼不同，同时也有别于之

[1] 王辉，中国传统文化礼仪顾问。

前婚礼形式中的所谓中式婚礼。简单地说，这种重新出现的婚礼形式挖掘了中国自己原生的优秀婚礼文化，结合了汉服婚礼服的华美，场景布置的风韵，让婚礼中的新人在享受婚礼的同时，感受到了属于我们民族自己的、来自祖先所给予的文化熏陶。

与汉服一样，这种婚礼形式当然不可能有来自什么官方权威的定义，目前我们只能从其文化属性上近乎合理大众化地赋予它一个名称。

汉民族传统文化样式婚礼，来自我们汉民族自己历史的礼乐文化积淀。我们称为汉式婚礼还是恰如其分的。

很多汉服同袍，或是给别人操办，或是筹备自己的人生大礼，从无到有，从小到大，开始不断地完善婚礼的内容。

从服饰礼仪，到场景布置，再到如何用现代的手法去表现传统的文化。汉式婚礼也在逐渐的丰富完善，并在实践当中变得更加华美。

虽然很多同袍，因为不知道如何命名，使用过汉服婚礼、周制婚礼等的名称，但这些名称或是在内容上比较片面单一，或随着时代发展不足以涵盖今天的婚礼文化内容，越来越多的同袍因为汉式婚礼这个词汇准确丰富的内容涵盖性，开始接受并认同它，同时开始了细化汉式婚礼的分类。

大众比较认可的是根据不同历史时期的文化特点划分为汉风、唐风、明风等不同朝代风貌，通过婚礼展示不同时代的礼乐文化、艺术文化之美。

而汉式婚礼的市场化运作，也更加促进了这个文化传承与实践的过程与发展。相信汉式婚礼将会在整个中国的婚礼文化构成中重新确立自己的位置，服务每一位支持汉文化、传承汉文化的同袍，用我们的汉家礼乐注解彼此的人生大礼。

去其烦琐取之内涵精彩绽放——现实中的当代汉婚实践

当你在决定自己的婚礼仪式时，是否还在为中式、西式的选择而烦恼？

当面对中、西两种婚礼喧闹与庄重的对立时，是否还会为无法在人生大礼之际郑重地用属于自己民族的方式宣读与爱人的誓言而遗憾？

如果是这样，就让我们为你打开文化与历史的隧道，告诉你一个我们华夏自己的庄重婚礼仪式。

汉式婚礼仪式最早期的时候包括盥礼、祭酒、结发、解缨等程序，不举乐、不庆贺，重的是夫妇之义与结发之恩，并不认为这是一件可以喧闹嘈杂的事。

那时候的婚礼简朴而干净，没有后世繁缛的挑盖头、闹洞房这类杂耍般的民俗。夫妻“共牢而食，合卺而饮”，携手而入洞房——这是具有汉民族性格特质的优美仪式。婚服也不是大红大绿，新郎新娘都穿着端庄的玄色礼服（玄色，黑中扬红的颜色，按照五行思想，是象征着天地、最神圣的色彩）。

整个仪式宁静安详、庄严肃穆。安静细致的仪式中有一种震撼人心的力量，这种力量将见证维系属于我们华夏子孙的爱情誓言。

黄昏中开始的那个安静优美的仪式，代表着纯正的、优美而伟大的汉文明，直指人心。

遗憾的是，沧海桑田，时过境迁，就像我们的其他文明一样，在新的时代里，我们祖先曾经庄重、素美的婚礼仪式也被我们丢失了，留下的除了大红大绿的艳俗装扮、嘈杂喧闹的仪式外，就是我们对失去文化的一声叹息了。

今天你可以重新选择这份属于我们华夏人自己的人生大礼，在挖掘整理了大量历史文化资料并结合今天的婚礼特点后，汉式婚礼开始以全新的面貌出现在世人面前。

汉风婚礼，盛装礼服，承载华夏汉文明所赋予的自豪与张扬，来自祖先的赐

福将在神圣的宣誓中与爱侣一同分享。婚礼的背景装饰，仪式设计继承了绝大部分汉民族婚礼文化的原生形态，因此是简约平实、不失庄重大气。如果类比西方的婚礼，也许只有教堂婚礼的气势可以与之媲美。

唐风婚礼、盛唐霓裳，彰显着我们曾经拥有的华贵与奔放。雍容典雅的现场氛围将为新人打造华夏民族隆重婚礼盛典的时尚。

在中国隋唐时期，因为“丝绸之路”的兴起，中国与当时世界其他国家的交流日趋频繁，在文化上也包罗万象，反映在婚礼当中，在保留汉风婚礼特点的同时又增添了几分雍容与华贵。

值得一提的是，唐风婚礼的礼服，相对汉风婚礼而言更为色彩绚丽，尤其以女子礼服为甚。我们华夏主轴文化的特点是“一板一眼”、直线条和方方正正，而隋唐在此基础上，融进了“动感”“绚丽”。这一时期，我们的祖先似乎要把看到的美丽全部吃进去，再经过糅合，释放出来的是一种狂放而霸道的华丽……

男子礼服的整体构造比较低调，甚至不如魏晋前，而新娘的造型却愈发霸道。礼服可以对比使用多种色彩，再加上珠光宝气的配饰。唐代女人的服饰妆容并非简单取悦男人，而是超越男人去彰显自我。

华夏传统婚礼流程一般分为以下六个环节：正装入场—亲迎醮子—沃盥入席—同牢合卺—解缨结发—告谢父母。

唐风和汉风婚礼在核心流程上可以区别不大，因此环节一般根据新人具体需要进行取舍。

正装入场

新人一同穿着华夏民族传承了五千年的正装礼服入场。在亲友的注目中，也许穿在身上的华美礼服有些特别，有些“另类”，但是请相信，此时新人所张扬

的正是属于我们自己所拥有的自豪感、幸福感。新人传承着祖先的文明，在此人生大礼之际也必将得到华夏先祖的佑护。凝重磅礴的编钟鼓乐，高声诵读的琅琅诗经祝词，是对新人最好的迎接。

亲迎醮子

新人大喜之日，感慨最深的当是自己的父母。在婚礼之前，父母还有何要叮咛嘱咐的吗？在传统婚礼之中，新郎的父亲会对出发迎娶新娘的儿子赐酒叮嘱。现在，男女双方在家庭中已经拥有了同等的作用和地位。因此，现场会安排新人双方的父母依次为新人赐酒，并嘱托新人婚后要担负起的责任。同时，还会赠予新人礼物，有所寓意。

沃盥入席

新人揖谢父母以后，新郎揖请新娘入席，由男女从者为新郎和新娘引水沃盥、焚香净手，以郑重的准备表达双方对婚礼仪式的尊重。同时，观者也会从这一丝不苟的仪式中感受到华夏婚礼的庄严所在。

同牢合卺

新人入席后，由侍者端上酒爵，酹酒爵中酒告谢天地。

天地赐福，新人同食一牲之肉，同饮一匏中酒，象征从此福寿同享，甘苦与共。这是婚礼中最为庄重、神圣的环节，与在西方教堂新人的宣誓有异曲同工之处。只不过我们的祖先借物喻事，以事言礼，在一食一饮之间许下爱情的承诺。

解缨结发

今天当我们以各种方式去传达自己爱的信息时，是否更想了解我们祖先如何互定终身？抛开后世礼教强加的束缚。我们的祖先早已接受自由浪漫的恋爱形式，男方会在定情之时赠予心上人一缕红缨，为其束发。自此，这名女子也会恒守定情的誓言，在两人庄严的婚礼仪式后由已经成为自己夫君的那个他将红缨解下，再各取自己的一缕青丝，系结在一起，作为爱情永远的象征与纪念，由此可以理解为中国传统婚礼的“婚礼誓言”环节。

告谢父母

大礼终成，沉浸在幸福当中的新人不能忘记养育自己成长并为自己创造幸福美好今天的父母。新人要拜谢双方父母，让父母与自己同享婚礼这幸福的时刻。

用心传承戒骄戒躁——浅谈汉式婚礼的市场现状

随着汉式婚礼的逐渐复兴，以及传统文化在当代民众中影响力的扩大，商业化已经成为相关文化发展的重要途径。但在其中也有很多不太和谐的音符。

首先，体现在实际的推广运作中。很多从业者对中华传统文化一知半解，文化素质低下。甚至某些人连中国历史朝代都记不下来，连基本的礼仪知识都不懂，就开始给新人筹备汉式婚礼。

同时，又有很多人动辄以“汉式婚礼第一人”“汉式礼仪泰斗”等身份自居，可见这股浮躁、浮夸的歪风依然刮到了汉式婚礼的产业实践中。

像很多婚庆公司，不了解汉服，简单地从字面理解为汉朝的衣服，婚服大量使用劣质的影楼装，这样的婚礼肯定是廉价而简陋的。

有的婚庆公司，在礼仪细节上十分随意、不够严谨，甚至违反了很多文化上的礼制避讳，像汉服左衽文化上多为入殓时穿用等。若婚服中出现左衽就是对新人的极度不尊重。试想在西式婚礼上，婚礼进行曲错放成了安魂曲，筹办的婚礼服务机构能安身而退吗？

还有些机构或个人完全从商业角度考虑，醉心于虚名功利，自创概念，如汉唐婚礼、新中式，并自诩首创者、资深从业者等。

但起码要在逻辑上说得通，汉唐婚礼到底是汉还是唐？如果是泛指朝代的综合，那明代哪里去了？如果是说文化的综合，那么两个完全不同时代风貌的东西放在一起，会好看吗？

而新中式则是片面地理解了中国文化的传承关系。我所看到的很多所谓新中式无非就是西式婚礼的仪式穿上中山装、民国的红衣裙。这样的新中式不过是西式婚礼加上些中国元素，并没有基于我们民族的本源礼仪文化去传承发展，称为新西式还差不多，就不要再冠以中式了。

而从传承角度来讲，汉式婚礼一样也不是止步不前的，汉式婚礼本身就不是复古婚礼，它是中国婚礼文化的正常传承。很多婚庆公司把汉式婚礼划分到主题婚礼里面，那样就完全误解了。汉式婚礼是一个大的婚礼文化范畴，从内涵上讲拥有与西式婚礼同等的地位。

根本不存在新旧与否，你听说过新西式吗？说出新中式的人正是错误地把中国自己的文化当成了古代文化。而文化是一个民族的非物质属性，存在的传承的自然没有新旧之说。所以所谓新中式，要么是肤浅地拼凑了一些中国元素的西式婚礼，要么是换了个名字来践行汉式婚礼的发展与传承。很遗憾，目前还没有看到这样的案例。

汉式婚礼首先它是婚礼，要尊重新人、服务新人。自己都不用心，谈何服务？谈何尊重？此外，汉式婚礼是在传承我们自己的文化，每对新人能够选择汉式婚礼都是对我们自己的文化抱有一颗热忱之心。而有些人却用劣质的服务去应付满怀诚意的市场，从良心上能过得去吗？

况且应付将就未必就能赢得市场，赢得新人的认同。很多婚庆公司对汉式婚礼的态度也未必就是对汉文化的漠视，更多的是操作普通婚礼不严谨态度的一种惯性。但需要注意的是，相对已经模式化、泛滥化的普通婚礼，汉式婚礼的客户群体多少可以了解一些相关文化的，否则他们为何舍弃成熟的普通婚礼，而选择汉式婚礼？

应付客户最终会失去客户。想要在方兴未艾的汉式婚礼产业中立足，增强自己的文化修养才是不二之策。也再次提醒同袍，人生大礼，精心筹划，对文化要有敬畏之心，更要不负自己对文化的一片诚心。

汉服运动：一场“新民”的运动[1]

文/溪山琴况[2]

汉服应“新民”，它本身就是精神独立的产物，它应该重塑一群更加拥有独立精神和自主思考能力的人。

汉服应“新民”，它应该塑造一群拥有世界级文化大国气度和自信的国民。

汉服应“新民”，它应该撑起强势崛起的民间力量，实现中国前所未有的民间的文明觉醒。

《大学》中提出了“新民”的概念，汉服运动也是一个“新民”的过程。

“新民”的内容很多，这里只谈几点。

[1] 本文原载天汉民族文化网。

[2] 溪山琴况，汉服运动的重要倡导人物之一。

汉服运动如果不能让国人实现精神的独立和自主的思考，那么它就很难成功

我们中国人习惯了人云亦云，少有独立的精神和自主的思考。在汉服运动过程中的表现同样明显，比如这几年传得沸沸扬扬的“韩国端午申遗”“韩国汉服申遗”等问题。

最流行的说法是，“韩国人抢走了我们的端午节”“韩国人还要抢我们的汉服”。我对这种说法的逻辑感到非常费解。文化不是苹果，别人拿走一个你就没有了。我不明白，韩国人怎么抢走了我们的端午节？韩国人又如何来抢我们的汉服？

很遗憾，绝大多数媒体在这些问题的报道中都采取了炒作和不负责任的做法，很少有媒体指出端午节问题的关键在于“中国本土的端午文化如何有效延续和传承”。“韩国人抢走了我们的端午节”的说法盛行。2006年以来，“韩国人还要抢我们的汉服”的传言在网络上也不胫而走。

人们激愤的感情我完全理解，但是值得追问——韩国人怎么抢走了端午节？他们是来抢走了我们包好的粽子，还是夺走了我们绣好的香囊？他们又是如何抢汉服的？他们是从此不许中国人过端午，还是没有韩国人批准，从此不许中国人穿汉服？

很多人说，韩国人抢走了我们的端午和汉服名称，让全世界都认为端午和汉服是他们的了。实际上，这是对联合国教科文组织世界文化和非物质文化遗产保护事业极大的误解。

联合国的这一活动根本就不是为了实现这一目的，其制度设计也保证了韩国实现不了所谓“抢走”的目标。韩国将其“江陵端午祭”申遗，联合国也只是确认：“韩国江陵地区存在名为‘端午祭’的一种韩国祭祀风俗遗存，因其价值，被联合国确认而列入名录，韩国政府承诺担负保护和延续责任。”同样，所谓的“韩

国汉服申遗”即使发生，也是如此，只是确认“韩国朝鲜民族传统服饰文化遗存”这一事实。这与华夏中国的“端午节节日文化”“汉民族传统服饰文明”根本不是一回事。

退一步讲，韩国可以申遗，我们也可以申遗。韩国申遗成功了之后，我们照样可以申遗。它取代不了我们的文化，两种文化遗产对比，谁是正源谁是分支，谁是正宗谁是效仿，内容的丰富厚重和单纯浅薄，一目了然。

所谓“申遗”，即申请将某种文化（自然、非物质）形态列入联合国教科文组织世界文化、自然、非物质文化遗产名录。其意义并不是各国抢注什么文化商标，宣布正统。“申遗”真正的价值在于四个确认：确认一项文化遗产的存在，确认其濒危性，确认当事国的保护承诺，确认国际文化救济。

“申遗”根本不是问题的关键，问题的关键是怎么让华夏的衣冠文明、传统节日文化在中国、在汉民族心中回归，在生活中重生，以及如何传承这一光耀千秋、伟大的人类文明财富，这才是当代中国人最该做的事情。

很遗憾，国民包括很多汉服复兴者，都在这一问题上人云亦云，轻易地被煽起情绪，空喊“坚决不让韩国人夺走我们的汉服”的口号，罕见独立和冷静的思考。

一种观点、一个说法，抛出之后，很多人就盲从，被这种观点控制了思想、操弄了情绪，这是一种非常危险的现象，也是国人没有实现思想独立和精神自由的表现。

我们是有追求有抱负的汉服运动者，不要让别人代替我们的思考，我们的头脑应该由自己来驾驭。

如果我们也人云亦云，就不会有汉服运动。因为多少年来，全中国都认为，汉族没有民族服装。如果我们也放弃独立思考、人云亦云的话，历史真相就必然会被永久掩盖，汉服断然不可能重生。

这是汉服运动积累下的宝贵的精神财富，我们理当坚持独立和自主的精神，用我们自己的眼睛观察、用我们自己的头脑思考。唯有如此，才能坚定不移地推进我们心中的事业。

随波逐流也是一种奴性的表现，独立的人格精神和冷静的思考能力，才是真正的公民精神。

汉服应“新民”，它本身就是精神独立的产物，它应该重塑一群更加拥有独立精神和自主思考能力的人。

世界级文化大国国民的气度和自信

我们是世界级的文化大国。

我们真正的对手，是以文化霸权统治了世界的西方文明，而不是日韩这样的文化小邦。

有人说："孔子就要变成韩国人了。"我理解这种说法背后的忧患意识，但是不得不说，这种说法过于耸人听闻，也太缺乏自信。全球文化博弈不是过家家，不是信口开河就能改变文化格局的。退一步说，就算韩国人真的在绞尽脑汁地营造“孔子是韩国人”的舆论，可是华夏厚重的文化积累，儒家文明对东亚和世界的贡献，巨大的文明格局的布局棋子，岂是这些文化小邦搞搞小动作就能搬动得了的吗？

我们为什么不能多一些堂堂华夏的气度和自信呢？

是的，我们正处在文明沉沦期，但是华夏再度崛起的潜力无人可及。数百年的曲折，不过是华夏文明进程的一瞬。华夏的再度强势崛起，无可阻挡。

日韩的所谓发达只是表面。实际上，从人类文明的大格局来看，它们都是只会模仿大国文化而缺乏自我原创能力的小国。这样的国家，没有真正有力和长久

的文明竞争、博弈和合作的能力。

汉服不是一件普通的衣服，它是人类文明历史上一个傲视群雄的大国的象征。我们应该重建起这身汉服所代表的世界级的气度、胸襟、抱负和自信。

我们是中国，我们是华夏。

汉服应“新民”，它应该塑造一群拥有世界级文化大国气度和自信的国民。

民间力量的崛起

我曾写过，汉服运动也是民间力量生长、民间智慧觉醒的过程。它是民间力量第一次自信地、主动地介入复杂的社会博弈，成功地再定义重大的文明发展标准。民间也在影响社会文明发展的方向和进程。

这里需要弄清一个问题：汉服，不是“应该复兴”，而是“必须复兴”——因为这是不可阻止的民意。

我们要看到问题，看到危机，看到许许多多现实的困难，但是我们的信心不应动摇。汉服复兴是迟早的事，是任何人也无法阻止的事。优秀华夏文化的复兴，是时代的大势所趋。

我们不祈求任何人。华夏文化复兴的前景，要靠我们自己坚持不懈地亲手去创造。也正因为我们精神的独立，我们才有可能和社会各界展开平等、善意、冷静、耐心和充分的沟通，以及建设性的合作。

汉服运动是民间力量生长、民间智慧觉醒的过程。

汉服运动源自觉醒了的民间，汉服撑起的，是华夏历史上前所未有的、正在掌握了自己和民族命运的精神一新的民众。

汉服应“新民”，它应该撑起强势崛起的民间力量，实现中国前所未有的民间的文明觉醒。

礼仪之邦——浅谈汉服与国学

文/徐　展❶

"子曰：礼尚往来，举案齐眉至鬓白，吾老人幼皆亲爱，扫径迎客蓬门开；看我华夏礼仪之邦，仁义满怀爱无疆，山川叠嶂，万千气象，孕一脉子孙炎黄；看我泱泱礼仪大国，君子有为德远播，江山错落，人间星火，吐纳着千年壮阔……"2013年年初，墨明棋妙原创音乐的一曲《礼仪之邦》唱响大江南北，每一句都是对中华文明的真切理解与挚爱。这个常以汉服装束举行音乐会的原创音乐团体，用歌声道出了汉服的国学内涵。

国学的汉服

中国又称"华夏"，这一名称的由来就与汉服有关。《左传正义·定公十年》疏："中国有礼仪之大，故称夏；有服章之美，谓之华。华夏一也。"由此可见，容仪与礼仪息息相关，一个人只有做到了表里如一，才是真正的正人君子。

❶ 徐展，《醒狮国学》杂志编辑。

容仪包括一个人的仪表、仪态，是其修养、文明程度的表现。古人认为，举止庄重，进退有礼，执事谨敬，文质彬彬，不仅能够保持个人的尊严，还有助于进德修业。古代思想家曾经拿禽兽的皮毛与人的仪表、仪态相比较，禽兽没有了皮毛，就不能为禽兽;人若失去了仪礼，也就不成为人了。衣冠整齐、行为端正、言辞恳切，是我国传统容仪要求的精髓。外在形象是一种无声的语言，它不仅反映出一个人的道德修养，也向人们传递出一个人对整个生活的内心态度。一个人如果具有了一个优雅的仪表，那么无论他走到哪里，都能给那里带来文明的春风，得到人们的尊敬。而汉服，更是时刻提醒我们保持容仪的"一本随身教材"。

汉服，中国汉族的传统服饰，又称汉衣冠、汉装和华服，是从黄帝即位至明末这四千多年中，以华夏礼仪文化为中心，通过历代汉人王朝推崇周礼、象天法地而形成千年不变的礼仪衣冠体系。自黄帝尧舜垂衣裳而天下治，汉服就已具基本形式，历经周朝礼法的继承，到了汉朝形成了完善的衣冠体系并普及至民众，还通过儒家和华夏法系影响了整个汉文化圈。

汉服是从"黄帝尧舜垂衣裳而天下治"的衣裳发展而来的。殷商以后，冠服制度初步建立，西周时，服饰制度逐渐形成。周代后期，由于政治、经济、思想、文化都发生了急剧的变化，特别是百家学说对服饰的完善产生了一定的影响，诸侯国间人们的衣冠服饰及风俗习惯上都开始出现明显的不同，并创造了深衣——汉服中最典型的礼仪规范。深衣之制，实为古衣之首，深衣之领袖群衣，不独在其制度形式，且上下通服，在时间上，流行最久。孔氏正义曰："所以称深衣者，以余服则上衣下裳不相连，此深衣衣裳相连，被体深邃，故谓之深衣。"深衣是最能体现华夏文化精神的服饰。深衣象征天人合一，恢宏大度，公平正直，包容万物的东方美德。袖口宽深衣大，象征天道圆融；领口直角相交，象征地道方正；背后一条直缝贯通上下，象征人道正直；腰系大带，象征

权衡；分上衣、下裳两部分，象征两仪；上衣用布四幅，象征一年四季；下裳用布十二幅，象征一年十二月。身穿深衣，自然能体现天道之圆融，怀抱地道之方正，身合人间之正道，行动进退合权衡规矩，生活起居顺应四时之序。因此，穿上汉服，就是穿上礼仪，穿上历史。

汉服的国学

如果说，在古代汉语中，“中国”更多地属于一个地域的概念，“华夏”则更倾向于代表一个文化共同体，而维系这个共同体并引导它繁荣、进步的价值基础，是“礼”和“仪”。两千多年来，“礼仪之邦”是中国无数仁人志士、圣君贤相所崇慕和追求的社会理想。同时，它也是经由他们长期努力和奋斗而为中国赢得的誉称。

礼仪文明作为中国传统文化的一个重要组成部分，对中国社会历史发展产生了广泛而深远的影响，其内容十分丰富，所涉及的范围也非常广泛，几乎渗透于古代社会的各个方面。中国古代的“礼”和“仪”，实际上是两个不同的概念。“礼”是制度、规则和一种社会意识观念；“仪”是“礼”的具体表现形式，它是依据“礼”的规定和内容，形成的一套系统而完整的程序。《礼记》有言：“人有礼则安、无礼则危。”在礼仪的基础上，形成了中华传统文化体系，也就是今日我们所说的国学。

著名的史学家钱穆先生说:“中国传统文化的核心思想就是‘礼’。”此言非虚。古人云:“自修齐，至治平。”要干大事，就必须先学好礼仪。孔子以为“不学礼，无以立”；汉代贾谊则把是否讲礼、守礼看做人与兽的区别。荀子在《荀子·修身》中说：“人无礼则不生，事无礼则不成，国无礼则不宁。”《左传》中则讲道，礼是“天之经，地之义，人之行”，是为政者“经国家、定社稷、立民人”的依据。

《礼记·曲礼上》也强调："礼尚往来，往而不来，非礼也；来而不往，亦非礼也。"童稚时的"孔融让梨"，尊敬长辈传为美谈；"岳飞问路"，深知礼节，才得以校场比武，骑马跨天下；"程门立雪"更是为尊敬师长的典范。因此，"国尚礼则国昌，家尚礼则家大，身有礼则身修，心有礼则心泰"。

礼是发于人性之自然，合于人生之需的行为规范。它是人们对对方发自内心的尊重、感恩和仁爱的外在表现。礼仪文明肯定了人的价值，注重人格的尊严。孔子说："天地之行人为贵。"也就是说，在天地之间，人的生命是最为宝贵的，人是最有价值的。孟子则进一步指出，因为人人都有良知，所以每一个人也就都有自己的内在价值。这个内在价值不是别人给予的，而是每个人生来就有的，内在价值的内容就是人的道德意识。正因为人有道德意识，人与禽兽就区别开来了。人具备了独特的内在价值，人也就有了做人的尊严。因此，人能知礼方为人，内外兼修是君子。泱泱华夏，礼仪之邦，如果说当今国人穿起汉服，可以认识什么是中国，那么坚持学习并践行国学，才能真正明白自己要做的是怎样的中国人。

践行的力量

当然，穿上汉服，不代表华夏文化就能自然复兴；捧读经典，不代表文明建设就能水到渠成。单从一方面下工夫是不行的。要让华夏大地上处处展现礼仪之邦的风采，最重要也最需要我们去做的就是践行。

工欲善其事，必先利其器。我们要复兴华夏文化，首先要端正态度。虽然中华文化并不是靠穿上一件汉服就能复兴的，但是毋庸置疑，汉服所承载的文化底蕴深厚。只有在华夏文明中，才会把一套衣服称为衣冠，把一次举国南迁称为"衣冠南渡"。因为对于华夏来说，汉服从来就不是一件衣服，单从"华夏"这两

个字的含义就可以看出来。因此，汉服的重要性，是不容忽视的。今天我们穿上了汉服，学习国学，从心态上就是一种改变。同时，服装是多样性的，不同朝代的服饰有不同时代的文化烙印，无论是汉唐风韵还是魏晋风流。其实，穿什么衣服都只是一个切入点而已，关键还要看国学文化的因子是否已经在我们的心中扎根。

国学也是这样的。就像汉服属于所有人一样，国学也属于所有人。它来自大众，更是为大众而服务，如春风化雨，润物细无声。明代心学大成者王艮，在成为王阳明弟子之前，“制古衣冠、大带、笏板服之，曰：‘言尧之言、行尧之行，而不服尧之服，可乎哉？’”他从服饰入手，宣尧舜之道，复古之态令世人瞩目。但王艮在成为心学弟子之后，他脱去了这样的穿着打扮，但却比以前更受人尊崇了。因为理在心中，亦可外现，除服饰外，更在践行。只有做到知行合一，才能建设真正的礼仪之邦。这一点提倡“礼”的孔老夫子早就告诉我们了，任何学问都不过是在教你如何做人，无论学习还是生活都是求知的组成部分，古今并举，取其精华，勤于实践，方能成人。“照本宣科”只会教出“死读书、读死书”的书呆子。只有“因材施教”，才会“三百六十行，行行出状元”。“三人行必有我师”，学高为师，身正为范，每个人都有其长处值得我们去学习。向他人学习，就是学习国学。既然国学无处不在，那么就应该从我做起，以身作则，这就是传播国学，践行国学。国学是活着的学问，它依靠我们生长发展，它的现在与未来，全在于我们。

穿穿古人的衣服，读读古人的书，但却不明礼、不知理，混沌生活，那不是复兴，只是单纯复古。邯郸学步，是走不出自己的路的。关键在于，你知道你的穿着意味着什么，以及是否真正读懂了书里的内容。同胞同袍，血脉相连，和汉服一样连接起你我的，是礼仪之道、华夏精神，这才是真正的国学精髓，是每一个人都应该学习理解并落实的。汉服属于生活，国学属于生活，皆在我们的一言

一行、点点滴滴之中。要发展它们，成就礼仪之邦，一样全在于我们。

请记住：你所站立的地方，就是你的中国；你怎么样，中国便怎么样；你是什么，中国便是什么；你有光明，中国便不再黑暗。

成就华夏，就在当下。

汉服简考——对汉服概念和历史的考证（节录）

文 / 汪家文[1]

汉服与汉服运动的研究概述

汉服及其复兴运动简介

汉服，指中国汉民族的传统服饰。

在汉以前，汉族及其先民已有特定的服装体系，《易传》："黄帝、尧、舜，垂衣裳而天下治，盖取诸《乾》《坤》"[2]；《史记正义》认为衣裳为黄帝所制："黄帝之前，未有衣裳屋宇。及黄帝造屋宇，制衣服，营殡葬，万民故免存亡之难"。[3]

---

[1] 汪家文，广州岭南汉服文化研究会（筹）现任会长。

[2] 杨鸿儒 . 易经导读 [M]. 北京 ：华文出版社，2001 ：426.

[3] 《续修四库全书》编纂委员会 . 续修四库全书 [M]. 上海 ：上海古籍出版社，2002 ：21.

而因“天地寒暖燥湿、广谷大川异制”❶的地理环境差异，生产力、生活方式和审美意识的先进水准，汉族服饰呈现出与周边民族不同的特色，即“南国之人祝发而裸，北国之人鞨巾而裘，中国之人冠冕而裳”❷。因其质料、色彩、纹样、形制、款式等方面的华美多样，及礼仪制度的完善，华夏因此得名。

《尚书正义》注：“冕服采章曰华，大国曰夏。”❸《春秋左传正义》云：“夏，大也。中国有礼仪之大，故称夏；有服章之美，谓之华。华、夏一也。”❹

汉服经过各朝各代的规范发展，其中汉朝时国力强盛、服饰逐渐完善并得到普及，汉人、汉服因此得名。其后，汉服继续发展、传承，而主要特征没有大的改变。在近两千年的历史里，人们用“汉服”“汉衣冠”等来指代汉族服饰。17 世纪因清朝剃发易服，汉服传承未能延续。

服饰密切联系着民族精神文化的众多内容，涉及传统文化的大部分领域，是民族构成要素之一，甚至可以作为判别民族的标志之一。❺但在新中国成立以来的语境中，“民族”“民族文化”“民族服装”等概念多用来指代少数民族，而汉族则处于被忽视而无所适从的尴尬地位，尤以汉族服饰的遭遇为甚。❻我国民族学家费孝通就曾指出：“我们一提民族工作就是指有关少数民族事务的工作，所以很自然地，民族研究也等于是少数民族研究，并不包括汉族研究。回想起

❶ （汉）郑玄，（唐）孔颖达．礼记 [M]. 北京：北京大学出版社，1999：398.

❷ 王云五等．丛书集成初编：第 554 册 [M]. 北京：商务印书馆，1991.

❸ 李学勤．十三经注疏 [M]. 北京：北京大学出版社，1999：292.

❹ 李学勤．十三经注疏 [M]. 北京：北京大学出版社，1999：1587.

❺ 戴平．中国民族服饰文化研究 [M]. 上海：上海人民出版社，2000：3-4.

❻ 周星．新唐装、汉服与汉服运动——21 世纪初叶中国有关“民族服装”的新动态 [J]. 开放时代，2008：3.

来这种不言而喻的看法是在中央访问团时期就已经形成了。”[1] 至今，在多民族场合，汉族代表常身着带有满族风格的旗袍马褂等服饰，即便是汉服重现神州五年后的2008年北京奥运会开幕式上也是如此。

张梦玥指出：“汉族是世界上唯一民族服装认同发生错乱而将美丽的衣服当做‘古装’的民族。当今天人们身着此服装走上大街之时，往往会被人误认为日本人或者韩国人，几乎没有人能正确指出该服饰的名称与背后的文化意义。”这指出了汉服复兴最初之背景和原因。

2001年，上海APEC峰会20位国家领导人身着“唐装”的合影引发了众多网友对于“汉民族的传统服饰到底是什么”的讨论。此后，开始有人研究汉族服饰的历史、特征和消亡原因，汉族有十几亿人口却没有民族服装成为推广汉服的起因。[2] 人们开始自制汉服并穿上街头，自此，汉服宣传方兴未艾、如火如荼，开始了21世纪汉服复兴的伟大实践。

汉服运动复兴者提出了“华夏复兴,衣冠先行”“始于衣冠,达于博远”等口号，坚持在网络和现实中宣传、讲解汉服，吸引志同道合者进行传统文化与历史学术的研习，并进行华夏文明生活方式的尝试。可以说，唤起民族意识、找回文化价值、重评中国文明，以及推崇温和而坚定的文化民族主义，都是汉服运动的使命和目标。汉服运动在兴起阶段以找回汉族传统服饰、发掘和复兴传统文化，以及匡正中国史观和重建华夷之辨等为重要内容。

---

[1] 这是1996年费孝通向日本（大阪）国立民族学博物馆召开的“关于中华民族多元一体论”国际学术讨论会的论文。费孝通．中华民族多元一体格局（修订本）[M]. 北京：中央民族大学出版社，1999：11.

[2] 华梅．汉服堪当中国人的国服吗？[N]. 人民日报（海外版），2007-06-14.

对汉服概念和定义的考察

目前流行的汉服定义

汉服是什么？为何复兴汉服？要研究汉服运动并解答这些问题，首先就要明确汉服的概念。“汉服”在典籍中虽时有出现，但人们的解读随语境而变，围绕汉服概念的疑惑，误区仍然不少，因此有必要对汉服概念进行全面而详细的考察和论述。目前，在常见对汉服的详细定义中，有以下几个大体类似的版本。

2005 年 8 月，张梦玥在《汉服略考》一文中指出：

> “汉民族传统服饰（简称“汉服”），主要是指约公元前 21 世纪至公元 17 世纪中叶（明末清初）这近四千年中，在华夏民族（汉后又称汉民族）的主要居住区，以“华夏—汉”文化为背景和主导思想，通过自然演化而形成的具有独特汉民族风貌性格，明显区别于其他民族的传统服装和装饰体系。或者说，“汉民族传统服饰（汉服）”是从夏、商、周到明朝，在‘华夏—汉’民族主体人群所穿着的服饰为基础上，自然发展演变形成的具有明显独特风格的一系列服饰的总体集合。”❶

2008 年，周星在《新唐装、汉服与汉服运动——21 世纪初叶中国有关“民族服装”的新动态》一文中指出：

> “所谓‘汉服’，在目前所知的汉语文献中，也有几层意思：一是指中国历史上汉朝的服装；二是指华夏族、汉人或汉民族的‘民族服装’；三则是把‘汉服’视为汉族的服装，但同时又认为只有它才是能够代表中国的‘华服’

❶ 张梦玥 . 汉服略考 [J]. 语文建设通讯，2005：3.

或中国人的'民族服装'。"[1]

2009年，杨娜在《汉服运动大事件记（二次稿）》一文中写道：

"汉服是中国汉民族的民族服饰。其由来可追溯到三皇五帝时期一直到明代。连绵几千年的汉民族服饰文化复兴研究，华夏人民（汉族）一直不改服饰的基本特征。这一时期汉民族所穿的服装，被称为汉服。"[2]

2010年，山东大学鲍怀敏在《汉民族服饰文化复兴研究》一文中指出：

"按照现代汉服复兴运动中有关于汉服定义的理解，汉服是指从西周到明朝（约公元前11世纪至公元17世纪中叶）这近三千年历史中，在华夏民族（汉后又称'汉民族'）的主流社会，以华夏文化为背景，通过传承演化而形成的具有独特本民族风貌，明显区别于其他民族的传统服装和饰品的民族服饰体系。"[3]

2012年，王芙蓉在《"汉服运动"研究》一文中指出：

"汉民族的传统服饰主要是指约从公元前21世纪在至公元17世纪中叶（明末清初）近四千年中，以汉民族文化为基础，通过自然演化而形成的具有独特汉民族文化风貌性格，区别于其他民族的传统服装的装饰

---

[1] 周星.新唐装、汉服与汉服运动——21世纪初叶中国有关"民族服装"的新动态[J].开放时代，2008：3.

[2] 杨娜.汉服运动大事件记（二次稿）[EB/OL].[2009-11-03].http：//ishare.iask.sina.com.cn/f/5960754.html.

[3] 除此之外，目前所见另三篇硕士学位论文中的汉服定义：
周海华.大学生对汉服的内隐态度研究[D].重庆：西南大学，2011.
左娜."汉服"的形制特征与审美意蕴研究[D].济南：山东大学，2011.
房媛.汉服运动研究[D].西安：陕西师范大学，2012.

体系。”❶

维基百科“汉服”词条的定义是：

“汉服，即汉族传统民族服饰，又称汉衣冠、华夏衣冠、汉装、华服、唐服、衣裳，是从黄帝即位（约公元前2698年）至明末（公元17世纪中叶）这近四千年中，以汉族（及汉族的前身华夏族）的礼仪文化为基础，通过历代汉人王朝推崇周礼、象天法地而形成的具有独特华夏民族文化风貌性格、明显区别于其他民族传统服装的服装体系。”❷

百度百科“汉服”词条的定义是：

“汉服，又称汉衣冠，中国汉族的传统服饰，又称为汉装、华服，是从黄帝即位至明末（公元17世纪中叶）这四千多年中，以华夏礼仪文化为中心，通过历代汉人王朝推崇周礼、象天法地而形成千年不变的礼仪衣冠体系。”❸

修正有关“汉服”的概念定义

可以看出，目前社会上有关“汉服”的定义和诠释，主要存在两个问题。

其一，将汉服存在时间表述为黄帝时期至明末，因此这种定义并未包含辛亥革命前后曾零星和短暂出现的汉服，特别是21世纪所爆发的汉服复兴运动。当代汉服已经出现在中国社会的各行各业，穿着汉服已经成为一种媒体界“见怪

❶ 王芙蓉．“汉服运动”研究 [J]. 服饰导刊，2012：2.

❷ 维基百科：“汉服”词条。

❸ 百度百科：“汉服”词条。

不怪”、文化界必不可少的现象。因此，这种定义不利于将汉服从“古装”概念中分离。

其二，有些定义将“汉服”概念一分为二，也表示汉朝服饰。一方面，在古代“汉服”“汉衣冠”“华服”等多表示汉族衣冠、中国衣冠，而用来指代汉朝衣服的并不多（后文详述）；另一方面，这不利于强调汉服的民族属性和传承意义。在当代，几乎所有的汉服复兴者都不承认“汉朝服装”的含义，并对媒体常将汉服称为“汉朝服装”或“古装”的错误报道感到不满。

因此，笔者曾将以上有关“汉服”定义修改为“古代汉服”（由于“现代汉服”的概念和体系构建涉及服饰学术和社会心理问题，不在本文研究范围内）。而在2013年杨娜主编的《汉服运动大事记2013版》中，她对汉服的时间属性作了如下补充。

> “汉服，即汉族传统民族服饰，又称汉衣冠、华夏衣冠、汉装、华服、唐服、衣裳，是从黄帝即位（约公元前2698年）至今四千多年中，以汉族的礼仪文化为基础，通过历代汉人王朝推崇周礼、象天法地而形成的具有独特华夏民族文化风貌性格、明显区别于其他民族传统服装的服装体系。在清代，汉服因为清朝推行剃发易服酷令而被迫消亡。”

笔者综合以上定义和论述，并考察古籍中有关“汉服”概念的运用情况，结合自己在汉服复兴中的感触，尝试给出一个“汉服”概念定义：

> “汉服，即中国汉族传统服饰，曾称汉衣冠、汉装、衣冠、中国衣冠、华服等，是发展、传承了四千多年（清代因剃发易服而消亡，21世纪初开始复兴），区别于其他民族，体现汉族礼仪风俗、审美品格、思想哲学等文化内涵，并彰显中华民族认同精神的服饰体系。”

古籍中的汉服记载

对"汉服"概念的常见误区

"汉服"是今人创造的词汇吗？"汉服"概念真的不明确吗？对此我们需要认真考察。

在汉服复兴之前，现代学术界鲜有对"汉服"概念的记载或论述。目前，笔者仅发现1996年出版的《中国衣冠服饰大辞典》对汉服的定义：① 汉代的服饰；② 辽代服制中的汉族服饰；③ 泛指一般的汉族服饰。[1] 而自2003年汉服复兴以来，当代一些学者也对汉服概念发表了不同的看法和认识，其中不乏误区。

2003年，复旦大学杨志刚副教授说："这其实是个伪命题，汉服从来就没有一个固定的概念。汉族人的服装，从汉唐至宋，一直到明清，均没有一个固定的样式，都在不停地变化。"南京大学刘迎胜教授说："'汉服'其实是一个很虚无的概念，因为服装总是在不断地发展。"[2]

2005年，《中国新闻周刊》汉服专题报道称："在《现代汉语词典》里，并没有'汉服'这个称谓，'汉服'其实是网友们的民间定义。"其中，袁仄教授又认为："'汉服'的称谓可用，但是不够严谨。从广义的服饰文化而言，汉族人历史上所穿戴的传统服饰，都应该归入此类，而不仅仅是汉族政权主政时期。"[3] 对此，张梦玥指出："'汉服'这个词并非生造，乃古籍斑斑记载"，不能"将汉族服饰去代表其他民族"。并对报道中的其他误区进行了澄清。[4]

---

[1] 周汛，高春明．中国衣冠服饰大辞典[M]．上海：上海辞书出版社，1996：12.

[2] 姜柯安．郑州街头有人公开穿着"汉服"，专家质疑"汉服复兴"是商业炒作[N]．东方早报，2003-12-04.

[3] 罗雪挥．"华服"之变[J]．中国新闻周刊，2005(243).

[4] 张梦玥．溟之幽思．几处细节与《新闻周刊》报道中的专家教授们商榷[EB/OL]．[2005-09-1]．http：//bbs.hanminzu.org/forum.php?mod=viewthread&tid=66603.

2007年，华梅教授认为："在中国服装史中，有相对于少数民族的汉族服装，有相对于其他朝代的汉代服装，单纯称汉服的，从语义和款式上都显得概念不清，或有一定的局限性。"❶

2008年，蒋玉秋等在编著的《汉服》中也认为："在这些史书中，汉服出现的频率极少，也并不是专有名词。"同年，中山大学中文系博士生导师、民俗文化专家叶春生说："'汉服'实属新词汇，古今所有的典籍上都没有'汉服'一词。"

2009年，张跣副教授声称："'汉服'的概念无论是在中国传统文化，还是在现代汉语中原本都是不存在的。"

直到2012年，王芙蓉还表示："汉服的概念目前还有比较大的争议……在这些观点中，笔者比较认同汉服是汉民族的传统服饰。"❷

其实，民族服饰的根本功能是"区别于他族"，并强化民族认同。汉服复兴实践者始终认为，汉服泛指汉族传统服饰，而非特指汉朝服饰，且"汉服"概念一直很明确而并不模糊。

（1）历史方面。汉服是一个博大精深的服饰体系，有悠久的传承与发展史。其深刻而惨痛的磨难与消亡史，深刻表明了汉服的历史存在，以及古人对汉服的精神认同。

（2）外在方面。汉族服饰同所有民族服饰一样都突出了民族属性，也就是有其显著而严格的，以及区别于其他民族和外邦服饰的主要特征（既多样而又统一的形制与款式，不在本文叙述之列）。

（3）概念方面。虽然因为强大的文化自信，中国人更喜欢用"衣冠"等词汇来指代服饰和汉族服饰，但"汉服""汉衣冠"等词汇散布于大量史料、诗文集

---

❶ 华梅．汉服堪当中国人的国服吗？[N]. 人民日报（海外版），2007-06-14.

❷ 王芙蓉．"汉服运动"研究 [J]. 服饰导刊，2012(2).

和小说等古籍中，表明“汉服”概念不是很少出现，更非今人生造，而是自古就有的。

清代康熙命纂的《佩文韵府》词典，其中就有“汉服”词条，这就直接驳斥了某些学者、专家认为古籍没有汉服概念的虚妄。

> “汉服《唐书·吐蕃传》：结赞以羌浑众屯潘口，傍青石岭，三分其兵，趋陇、汧阳间，连营数十里，中军距凤翔一舍，诡汉服，号邢君牙兵。《辽史·仪卫志》：辽国自太宗入晋之后，皇帝与南班汉官用汉服，太后与北班契丹臣僚用国服。其汉服即五代晋之遗制也。”

由于目前学术界、文化界对汉服概念理解还存在着混乱，因此，有必要将相关资料予以发掘和整理，以进一步强化汉服的文化传承性和汉服运动的合理性，也可供研究汉服概念、历史的学者以及高校师生参考和使用。本节资料按事件发生年代，并对事件进行记述和转载的古籍编修时间排列，其中诗词等资料绝大多数只是摘录而非全录。

古籍中直接出现的“汉服”

目前，已知对于“汉服”一词最早的文物记载，是长沙马王堆出土的西汉简牍上记载：“美人四人，其二人楚服，二人汉服。”描述四件“雕衣俑”的服饰，发掘报告中记述：“所雕衣着为交领右衽长袍。黑地上彩绘信期乡纹样，边缘起绒锦式样，下裾朱绘。这大概就是《礼记·玉藻》‘朝玄端，夕深衣’所说的深衣了。外为对襟短襦，上有彩绘绣花纹样。”[1]

---

[1] 湖南省博物馆、湖南省文物考古研究所. 长沙马王堆二、三号汉墓（第一卷：田野考古发掘报告）[M]. 北京：文物出版社，2004：177.

最早的文献记载，是西汉蔡邕的《独断》：“通天冠：天子常服，汉服受之秦，《礼》无文。”

最早的正史记载，是东汉的《汉书》。书中记载：“（龟兹公主）后数来朝贺，乐汉衣服制度，归其国，治宫室，作徼道周卫，出入传呼，撞钟鼓，如汉家仪。”

这三条记载所指代之汉还是狭义的汉地、汉朝。不过，“汉人（汉族）”都因汉朝得名——人们逐渐使用汉朝之汉表示华夏族群。故而这三条可算作目前已知最早的关于“汉服”概念的记载，尽管是狭义的概念。自此之后，“汉服”在更多情况下开始明确指代与异族服饰区分的汉族服饰了。

唐代《云南志（蛮书）》中记载：“裳人，本汉人也。部落在铁桥北，不知迁徙年月。初袭汉服，后稍参诸戎风俗，迄今但朝霞缠头，其余无异。”《新唐书》沿袭该记载：“汉裳蛮，本汉人部种，在铁桥。惟以朝霞缠头，余尚同汉服。”南诏国“裳人”本是汉人，除用朝霞缠头，其余仍用汉人服制。❶

元代官修地理志《大元大一统志》转载《新唐书》：“汉裳蛮，本汉人部种，在铁桥，惟以朝霞缠头，余（尚）同汉服。”明代《大明一统志》引用元志记载：“（丽江军民府）衣同汉制……《元志》：‘汉裳蛮，本汉人部种，在铁桥，惟以朝霞缠头，余同汉服。’”

《新唐书》：“结赞以羌、浑众，屯潘口，傍青石岭，三分其兵，趋陇、汧阳间，连营数十里，中军距凤翔一舍，诡汉服，号邢君牙兵，入吴山、宝鸡，焚聚落，掠畜牧、丁壮，杀老孺，断手劓目，乃去。”“蛮攻黎州，诡服汉衣，济江袭犍为，破之。裴回陵、荣间，焚庐舍、掠粮畜。”分别记载吐蕃军队和南诏军穿着汉族服饰冒充友军进行屠杀和抢掠。

北宋晁说之《阴山女歌》：“（闻阴山下有女子，汉服弹琵琶，传意甚异）阴山女汉服，初裁泪如雨。自看颜色宜汉装，琵琶岂复传胡谱。……使者高义重咨

❶ 许嘉璐．二十四史全译·新唐书：第 8 册 [M]. 上海：汉语大词典出版社，2004：4815.

嗟，衣裳盟会其敢许。汉装汉曲阴山坟，七十年来愁暮云。即今山川还汉家，泉下女儿闻不闻。”❶此诗还使用了两处“汉装”来表示汉人服装。

北宋官修军事著作《武经总要》：“初契丹入寇河北，德清军失守，俘虏人民于此，置城居之。城方二里，至低小，城内有瓦舍仓廪，人多汉服。”清代由乾隆审定的《钦定热河志》：“景德初，契丹侵河北，德清军失守，俘虏人民于此，置城居之。城方二里，至低小，城内有瓦舍仓廪，人多汉服。”这些文献都记述了辽军抓获汉人百姓的史实。

《宋会要》则记载：“奚有六节度，都省统领，言语风俗与契丹不同，……过惠州，城二重，至低小，外城无人居，城内有瓦屋仓廪，人多汉服。”南宋《续资治通鉴长编》、元代《文献通考》和清代《辽史拾遗》等都分别有转载。

《东京梦华录》记载多国使者参加元旦朝会：“（大辽）副使展裹金带，如汉服。……副使拜如汉仪。”《三朝北盟会编》：“副使展裹金带如汉服，……拜如汉仪。”❷《古今事文类聚》：“副使展裹金带如汉服，……拜如汉仪。”沿袭了相同记载。

《三朝北盟会编》记载金国禁止汉服：“（金）元帅府禁民汉服，及削发不如法者死。……见小民有依旧犊鼻者，亦责以汉服斩之。”相似记载较多，如《建炎以来系年要录》：“金元帅府禁民汉服，又下髡发，不如式者杀之。……见小民有衣犊鼻者，亦责以汉服斩之。”❸宋代《中兴小纪》：“金人……下令禁民汉服，及削发不如式者皆死。”清代《资治通鉴后编》：“下令禁民汉服，及衣冠不如式者皆死。”《清稗类钞》：“金天命己酉，太宗禁民汉服，令俱秃发。”❹

---

❶（宋）晁说之. 阴山女歌 [M]. 北京大学古文献研究所. 全宋诗：第 21 册. 北京：北京大学出版社，1995：13706.

❷（宋）徐梦莘. 三朝北盟会编：第 74 章 [M]. 上海：上海古籍出版社，1987：554.

❸（宋）李心传. 建炎以来系年要录：第 28 卷 [M]. 北京：中华书局，1956：560.

❹（清）徐珂. 清稗类钞：第 9 册 [M]. 北京：中华书局，1984：4362.

宋代《宋朝事实类苑》："幽州……居民棋布，巷端直，列肆者百室，俗皆汉服，中有胡服者，盖杂契丹渤海妇女耳。""汉服""胡服"同时出现，记载当时各民族混居的状况。

《宋朝事实类苑》又有："虏主年三十余，衣汉服、黄纱袍、玉带、互靴、方床累茵而坐。……东偏汉服官三人……西偏汉服官二人……其汉服官进酒，赞拜以汉人，胡服官则以胡人，……二十八日，复宴武功殿，即虏主生辰也。设山棚，张乐，列汉服官于西庑，胡服于东庑，引汉使升坐西南庑隅。""虏主"即辽圣宗耶律隆绪，此段记载了路振出使辽国所见的礼仪情节。

宋代地理著作《方舆胜览》："珍州……其婚姻以铜器、毡刀、弩矢为礼。其燕乐以锣锣鼓、横笛、歌舞为乐。至与华人交易，略无侵犯礼仪之风。凡宾客聚会，酋长乃以汉服为贵。"这是对宋朝珍州（今贵州正安）僚人习俗的记载。

明朝官修地理志《大明一统志》记载："婚姻以铜器、毡刀、弩矢为礼，燕乐以铜锣鼓、横笛、歌舞为乐，会聚以汉服为贵，出入背刀弩自卫。"晚明时期地理著作《蜀中广记》："累世为婚姻，以铜器、毡刀、弩矢为礼，燕乐以锣鼓、横笛、歌舞为乐，会聚贵汉服，出入负刀弩交易，与华人不侵，此亦属县之大较也。"这些都是对《方舆胜览》珍州记载的转述。

据宋朝官修《宋会要》辑录的《宋会要辑稿》记载辽国服制："其衣服之制，国母与蕃臣皆胡服，国主与汉官即汉服。"南宋《续资治通鉴长编》和《契丹国志》及元代《文献通考》都予以转载。

宋代《契丹官仪》："胡人之官，领番中职事者皆胡服，谓之契丹官。枢密、宰臣则曰北枢密、北宰相。领燕中职事者，虽胡（蕃）人亦汉服，谓之汉官。执政者则曰南宰相、南枢密。"记述了宋朝庆历年间余靖出使辽国的见闻。

元修《辽史》："辽国自太宗入晋之后，皇帝与南班汉官用汉服，太后与北班契丹臣僚用国服。其汉服即五代晋之遗制也。"这是史籍中关于汉服的最著名记载。

《辽史·仪卫志二》则直接分为“国服”“汉服”两个条目，详细记载辽国使用的胡汉两种服饰制度。❶

以下列举后代《钦定续文献通考》《北游录》《续通典》等古籍对辽国服制历史的转载利用情况。

清初《北游录》：“皇帝与南班汉官用汉服，太后与北班契丹臣僚用国服，其汉服即五代晋之遗制也。……乾亨以后，虽北面三品以上亦用汉服。重熙以后大礼并汉服矣。”

清代《钦定续文献通考》：“入晋后，帝与南班汉官用汉服，太后与北班契丹臣僚用国服，其汉服即五代晋之遗制也。”

“马端临考冠冕服章，自天子以及士庶人皆载之。今考《辽史·仪卫志》备详国服汉服，而士庶人之服略可见于本纪者，如右。”

“……是不知窄袍、中单不必冬间始服之也，若谓皇帝常服即汉服之柘黄袍等，则更鹘突不足辨矣。”同页单列一条“汉服之制”。

“会同中，太后北面臣僚国服，皇帝南面臣僚汉服。乾亨以后，大礼虽北面，三品以上亦用汉服。重熙以后大礼并汉服，常朝仍遵会同之制。”“臣等谨按国服、汉服具详如右。”

清代《续通典》：“会同中，（辽）太后、北面臣僚并国服，皇帝南面臣僚并汉服。乾亨五年圣宗册承天，太后给三品以土法服，自是大礼虽北面三品以上亦汉服。兴宗重熙五年尊号册礼，皇帝服龙衮，北南面臣僚并朝服，自是以后大礼并从汉服矣。今先列国服而以汉服次于后焉。”

“蕃汉诸司使以上并戎装，衣皆左衽，黑绿色。其汉服终辽世，郊丘不建，大裘其衮服。”

“辽，祭山仪：皇帝红带、县鱼、三山红，垂饰犀玉、刀错，朝服垂饰犀玉，

❶ 辽史：第 55 卷 [M]. 北京：中华书局，2000：551-554.

带错；公服，玉束带。其汉服衮服，革带、大带，剑、佩绶；其朝服，革带、剑、佩绶，皇太子、亲王及群臣皆同。七品以下去剑，佩绶其公服。”

清代《续通典》：“元国服之制无可考，今叙汉服之制如左。”指元代蒙古官服已不可考，而叙述当时所采用的汉服制度。

以上表明，清代学者奉乾隆敕撰的《续通典》等典章资料中有较多记载使用了汉服概念。

《明实录》：“虏数千骑突入延绥黄甫川关城，焚劫城内外凡四日，攻堡不克而去。虏之初至也，以数骑汉服扣关，诈称为大同镇奉公役至者，阍人启扉，千众奄至，把总高尚钧中流矢死。”记述蒙古鞑靼士兵诈穿汉服骗开城门后突入进行劫掠。

明诗：“燕台十月霜林晓，话到滇南入路岐。……沙江流水斜侵郭，汉服居民半杂夷。君去幕中勤佐理，从来徭俗更浇漓。”也是表明边疆地区汉人与其他民族混居的情况。

《峄桐文集》：“次尾叱曰：‘我不死卒手，尔官自持刃，且巾帻汉服也，吾不去此，不得无礼我。’”记述1645年抗清英雄吴应箕被捕后不屈而死的情形。

《续明纪事本末》：“（金）声桓预作数十棺，全家汉服坐其中，自焚死。”记载1649年金声桓反正后遭清军攻击，全家着汉服自焚。

清代掌故笔记《阅世编》：“其满装耳环，则多用金圈连环贯耳，其数多寡不等，与汉服之环异。”❶

《清史稿》：“上议取锦州，命偕诸贝勒统兵四千，易汉服，偕大寿作溃奔状，夜袭锦州。会大雾，乃止。”这里后金兵仍用穿明兵汉服而混淆视听的方法来攻打锦州，因大雾而止。

乾隆《御制文集》：“及继世之孙，不数年而遂易汉服，又不数十年而遂以屋

❶（清）叶梦珠．阅世编：第8卷[M]．北京：中华书局，2007：205.

社。吁，可不畏哉，可不怀哉！”反对改易汉服，后详。

《清稗类钞》：“高宗在宫，尝屡衣汉服，欲竟易之。一日，冕旒袍服，召所亲近曰：‘朕似汉人否？’一老臣独对曰：‘皇上于汉诚似矣，而于满则非也。’乃止。”记述乾隆在深宫穿汉服的情形。

国外史籍中也有关于汉服的记载，如朝鲜《仁祖大王实录》：“凡虏之来投者，使其养子毛有见主之，即换着汉服，人不得识别矣。”记载朝鲜君臣对话，指出明朝平辽总兵官毛文龙令由后金投降者换穿汉服。“朱之蕃之弟亦被执，终始不屈，张、朱两人不为剃头。城外有长兴寺，张、朱着汉服居于寺中云。”出使后金的朝鲜使者回国后向其国王报告被俘明将张春坚不剃发的情况。

表示民族服饰的名词“汉服”不仅见诸史料、诗文集，古代小说也有使用。如清初描写书生游说“强兵悍帅”之间反清复明诸事的小说《苗宫夜合花》：“盖冰娘虽易汉服，而天生眉宇，尚不改苗女丰姿。”再如《草木春秋演义》写番邦胡椒国欲行偷：“你若果真去盗他的，明日临阵时汝可内穿汉服，外罩吾邦衣甲，吾自有妙法，汝但看身上穿了汉衣就杂于汉兵中去行事便了。”虽写的是汉代故事，但因写汉族与番邦军事冲突，此处“汉服”就有了汉族衣服的含义。

下面将进一步考察古籍中“汉衣冠”“中国衣冠”等表示汉族衣冠词汇的运用情况。

推崇右衽体现民族认同精神

汉服体系以衣襟向右为区别于异族服装的重要标志之一，那么汉族国家和人民为什么在生活服饰上采用右衽而逝者服饰则用左衽？服饰左衽与右衽之辨又体现了古人怎样的思想观念？

先看《礼记·丧大记》：“小敛大敛，祭服不倒，皆左衽，结绞不纽。”对此，

唐朝孔颖达注疏曰：

> “‘皆左衽’者，大敛小敛同然，故云皆也。衽，衣襟也。生乡右，左手解抽带，便也。死则襟乡左，示不复解也。宙‘结绞不纽’者，生时带并为屈纽，使易抽解。若死则无复解义，故绞末毕结之，不为纽也。”❶

指出右衽对于使用右手的便利性，而左衽表示“不复解”意，故为逝者服饰。由此看来，汉族使用右衽可能与相比异族先进的生产力水平有关，周边落后民族基于生活方式而使用左衽，可能也是为了便利，对此汉服吧“贞观朔”论述称：

> “北方民族……服装必须适应马上的生活。衣襟左掩能够较少地影响拉弓射箭的右臂的活动范围，又能更多地保护右臂不受到伤害，并且方便左手从怀中取放物品，以便腾出右手使用武器。除此之外，左胸前两片衣襟的重叠保护较之右胸前一片衣襟更能加强对于心脏的保护作用，所以衣襟偏左居多。”❷

在历史上，汉文明世界一直排斥左衽，史书常常记载人们对孔子“微管仲，吾其被发左衽矣”的引用，即没有管仲辅佐齐桓公遏止夷族势力入侵，我们就要穿着异族的左衽服装，不能戴冠帽而只能披头散发了。唐朝颜师古注《汉书》称：“右衽，从中国化也。”明末方以智记载：“戎衣或从边塞之制，故有曰左衽者。”到 18 世纪，出使北京的朝鲜使者仍发出“古所谓左衽者，或指别种耶”的议论。实际上，左右衽之辨的精神文化意义要远大于种族狭隘意义。考察北宋爱国诗人陆游的《剑南诗稿》，有六处包含“左衽”词汇的诗句，充分表达了诗人面对华夏故土沦陷的沉痛心情和收复中原的坚决志向。从中可以看出，服饰左衽表示

❶ （唐）孔颖达．礼记：第 45 卷 [M]. 北京：北京大学出版社，1999：1266.

❷ 贞观朔．左右衣襟：细数那些左衽现象 [EB/OL]. [2013-05-23]. http://tieba.baidu.com/p/2358223638.

败亡，右衽表示认同且对古代中国人的精神追求有重要意义。

“尔来十五年，残虏尚游魂。遗民沦左衽，何由雪烦冤。”❶

“哀哉六十年，左衽沦胡尘。抱负虽奇伟，没齿不得伸。”

“遗民久愤污左衽，孱虏何足烦长缨。霜风初高鹰隼击，天河下洗烟尘清。”

“夷吾非王佐，尚足救左衽。中原消息断，吾辈何安寝。”

“中原堕胡尘，北望但莽莽。……羊裘左其衽，宁复记畴曩。”

“河洛可令终左衽，穄芜何自达修门。王师一日临榆塞，小丑黄头岂足吞。”

再如，明朝著名思想家王夫之在总结并反思汉族历史教训时，痛定思痛，多次提及“左衽”，用以表示汉族人民遭奴役或华夏文明的沦落。

“当石晋割地之初，朔北之士民，必有耻左衽以悲思者。……故有志之士，急争其时，犹恐其已暮，何忍更言姑俟哉！”

“则求如晋元以庸懦之才，延宗社而免江淮之民于左衽，不亦难乎？故以走为安，以求和为幸，亦未可遽责高宗于一旦也。”

“凡当日之能奉身事主而寡过者，皆已豫求尊俎折冲之大用，以蕲免斯民于左衽。惟染以熏心之厉，因其愒玩之谋，日削月衰，坐待万古之中原沦于异族。”

“呜呼！一隅之乱，坐困而收之，不劳而徐定。庸臣张皇其势以摇朝廷之耳目，冒焉与不逞之虏争命，一溃再溃，助其焱以燎原，而遂成乎大乱。社稷邱墟，生民左衽，厉阶之人，死不偿责矣。”

---

❶（宋）陆游．陆游集·剑南诗稿 [M]. 北京：中华书局，1976：253.

“義之言曰：‘区区江左，天下寒心，固已久矣。’业已成乎区区之势，为天下寒心，而更以陵庙邱墟、臣民左衽为分外之求，昌言于廷，曾无疚媿，何弗自投南海速死，以延羯胡而进之乎？”❶

“详曰：‘今日之事，本效忠节，何可北面左衽乎？’至哉言乎！司马楚之、王琳而知此，不为千载之罪人矣。”

仅仅考察陆游诗稿和王船山史论便可发现这些例子，如果遍查中华文明古籍，必将数不胜数。由此，笔者总结出“左衽”的文化含义。

服饰左衽是周边落后民族相对于汉族在服饰、文化和生产生活上存在显著差异的外在表现。在华夏文化中，人们认为生者衣襟左衽是对华夏传统文化与精神的背离，或用“左衽”表示落后、野蛮的异族。在儒家“尊王攘夷”思想基础上，“左衽”更被视为家园遭入侵、占领，甚至国家被异族灭亡、华夏文明沦落的标志。

因此，我们说，汉服衣领相交应取右衽是理所当然和毫无疑问的了。至于根据文物考古、档案绘画等资料显示的某些情况下古代汉人穿着左衽服饰，可能只是少数情况，或是受野蛮异族的统治强制而使风俗趋于半开化，这无法作为“历史上的汉服也有左衽”甚至“当代汉服也可以左衽”的学术依据。

笔者无意针对这些现象和文物进行服饰学、考古学的考察和分析，但为从精神层面更坚实地说明上述观点，在这里还要附录考察二十四史中关于“左衽”的记载。除记述汉文明周边地区的异族风俗外，基本都是汉族精英对左衽代表败亡的持续不断的否定和排斥。这些史料中并无反面案例，而中国人对左衽的排斥贯穿于两千多年的历史，表明反对左衽是华夏民族精神的重要体现之一。除此之外，当代汉服复兴者也可从这些历史记载中进一步感受古人面对服饰复杂而坚定的精

❶（明）王夫之．读通鉴论 [M]．长沙：岳麓书社，1996：494.

神生活状态——阅读时，此节内容或可略过。

清朝持续不断地禁止汉服

2008年，竺小恩在《论清代满汉服饰文化关系》一文中认为，从等级制度角度讲，“满人对汉人的服饰传统文化不是否定、抛弃，而是继承和发扬；满汉服饰文化在服饰等级制度上没有冲突”。其结论称：“满汉人民通过长期在生活、生产的频繁接触与交往，在服饰习尚方面必然会相互影响、彼此吸收、交相认同。这是时代的大势所趋，人心所向，绝非皇帝的一纸圣谕所能遏止得了的。”❶

持类似强调“满汉服饰及文化融合论”的观点似乎不在少数。然而，此等观点缺乏深厚的文献与文物资料考察，只注重于细枝末节，分不清主流与非主流的情况，枉顾汉族服饰及中国人对汉服的认同观在清代两百多年中被彻底瓦解，本该具有民族属性并承载民族文化与精神的汉族服饰在社会学意义上彻底消亡，而到21世纪，人们才开始复兴汉服这一基本事实，所得结论便只能似是而非。

虽然清廷从皇帝至平民无不被汉族服饰之华美和内涵所折服，甚至最高统治者喜爱并穿着汉服，但为保其部族统治长续，清朝格外注重借鉴辽、金、元等非华夏政权败亡的“历史教训”。从清入关至晚清前夕，清朝的皇帝们一直强调服饰攸关国运安危、皇权盛衰，一以贯之地使用强权和专政禁止汉化——这种目的明显、强烈地反汉思想和禁汉举措，杜绝了汉族服饰自然复兴的可能，同时导致了满汉服饰文化的畸形交融。

❶ 竺小恩．论清代满汉服饰文化关系 [J]. 浙江纺织服装职业技术学院学报，2008(4).

前代覆亡给予满清深刻刺激

清入关执行“剃发易服”之前，汉服也曾多次遭受禁止的磨难。例如，李元昊建立西夏后曾推行三日不剃即杀的髡发令：“元昊初制秃发令，先自秃发，及令国人皆秃发，三日不从令，许众杀之。”西夏国“番礼”“胡服”与“汉仪”“汉服”剧烈冲突、反复斗争，到李谅祚掌权后西夏才开始吸纳汉服制度。

女真政权要求治下百姓不得穿汉装：“初，女真人不得改为汉姓及学南人装束，违者杖八十，编为永制。”金国占领宋朝领地后颁布剃发易服令：“今随处既归本朝，宜同风俗，亦仰削去头发，短巾左衽，敢有违犯，即是犹怀旧国，当正典刑，不得错失。”要求不如式者斩，也是十分残酷：“金元帅府禁民汉服，又下髡发，不如式者杀之。……保义郎李舟者，被拘髡其首，舟愤懑，一夕死。是时，知代州刘陶执一军人于市，验之顶发稍长，大小且不如式，即斩之。其后知赵州韩常，知解州耿守忠，见小民有衣犊鼻者，亦责以汉服斩之。生灵无辜被害，莫可胜纪。”

金人的暴政引起汉人的抵制和反抗，如《三朝北盟会编》记载：“伪相刘彦宗逼邈，不从，复逼邈剃顶发，邈亦不从，彦宗逼之甚，邈遂尽削发为僧，终不从彼之俗。”“金人欲剃南民顶发，人人怨愤日思南归。”《宋史》记载郭靖不愿受异族统治、不愿舍弃汉服而赴死：“四州之民不愿臣金，……（郭靖）告其弟端曰：‘吾家世为王民，自金人犯边，吾兄弟不能以死报国，避难入关，今为曦所逐，吾不忍弃汉衣冠，愿死于此，为赵氏鬼。’遂赴江而死。”

类似于辽，金国后来采取了一定程度的汉化政策，这里可从一首词加以管窥。金章宗时金国刘昂作词：

“忍锋摇，螳臂振，旧盟寒。恃洞庭、彭蠡狂澜。天兵小试，百蹄一饮楚江干。捷书飞上九重天。春满长安。舜山川，周礼乐，唐日月，汉衣冠。

洗五州、妖气关山。已平全蜀，风行何用一泥丸。有人传喜，日边路、都护先还。”❶

“汉衣冠”等成为政权正统的象征，表明当时金国为彰显统治中原的合法性而自视“华夏正统”，将宋朝视为不如蛮夷的极端思想。这表明，落后民族政权的民族压迫特别是“剃发易服”政策在汉文明同化的历史潮流下，或多或少有所松动。本文前述资料也表明，它们终在一定程度上容许甚至采用汉服制度。

但辽、西夏、金、蒙元等政权先后覆亡的历史，却给了后世的清朝统治者以“惊世”“严酷”的教训和启示，似乎汉化必然导致本族文化淹没于汉文化大潮，甚至导致本族消亡。出于保护本族统治地位的狭隘目的，就必须在禁止本族汉化的同时，通过军事和文化政策要求汉民族移风易俗，并长期固定，使汉族满化、落后，永不能复兴原本先进的汉文明制度。

在这种民族压迫思想和部族政权利益的驱动下，清的“剃发易服”政策执行得比历史上任何落后民族政权都要严厉和残酷，其文化压迫持续长达两百多年。因此，清统治给汉文化、汉文明带来的剧烈恶果，不仅使华夏文化惨遭近乎灭绝的破坏，也使清治下破败不堪的汉文化历经数百年仍难彻底纠正和恢复。

（注：清入关“剃发易服”战争中的汉服遭遇，清宁肯将统治全中国推迟数十年的原因和目的，以及以朝鲜为代表的“小中华”国家对汉族衣冠和文明的追忆与崇祀，可参阅相关研究和文章。）

清代画作中的汉服形象

虽然汉服在严酷的屠刀与禁令之下消亡，但我们在大量清代绘画中可以发现，

❶ （金）刘祁．归潜志 [M]. 北京：中华书局，1983.

画中人物不仅男人发式多数并非“金钱鼠尾”，而且他们身着汉式服装，这些是画家参考古画，依照汉族发型和衣冠式样创作的，其中更有对满清皇帝着汉服的描绘。

根据不完整资料统计，这些画作有《百子团圆图》16 幅，康熙帝于康熙三十五年（公元 1696 年）撰序、题诗的《康熙御制耕织图》92 幅，以及雍正朝的《雍正耕织图》46 幅。除此之外，是皇帝命令画家绘制的汉式服装画像，如雍正时的《雍正十二月令圆明园行乐图》12 幅、《雍亲王十二美人图》12 幅等。《平安春信图》刻画了雍正、乾隆两人同时身着汉服的形象。乾隆也曾多次诏令画家名手为其绘制汉服画像，大约此时的《清院本十二月令图轴》12 幅仿雍正行乐图而作，另有《乾隆观孔雀开屏贴落》《清高宗秋景写字图》《喜晴图》《松石流泉间闲图》《弘历观荷抚琴图》《弘历观画图》《临项圣谟雪景图》等诸多画作。

这些画作表明，清贵族与其先祖一样，在推行残酷的“剃发易服”政策前后，仍然表现出对汉服文化的向往与喜爱。但虽皇帝可着汉服入画，普通人慕风雅模仿却将遭厄运，如德清李某之子，请人画了一幅着汉服的画像，被人告发，于是往返贿赂花费数千金，方才脱险。

除了画作，史料中也有少量清皇帝穿汉式服装的记载。例如，《北游录》中记载顺治帝穿着并向内院展示明朝冠服：“上尝出先朝冠服示内院，众称善。”《清稗类钞》记述乾隆在深宫穿汉服的情形：“高宗在宫，尝屡衣汉服，欲竟易之。一日，冕旒袍服，召所亲近曰：‘朕似汉人否？’一老臣独对曰：‘皇上于汉诚似矣，而于满则非也’乃止。”

为保护满洲部族统治，清严厉禁断汉服，长期严禁满装改易汉服，如此强烈的矛盾冲突，不禁引人深思。

通过皇帝语录管窥清廷严禁汉服两百年

皇太极

针对有大臣建议采用汉族服饰制度，皇太极于崇德元年（公元1636年）十一月召集满洲贵族和重要官员学习金世宗本纪，告诫群臣和子孙不得变更满洲服饰制度。

“朕思金太祖、太宗法度详明，可垂久远。至熙宗哈喇和完颜亮之世尽废之，耽于酒色，盘乐无度，效汉人之陋习。世宗即位，奋图法祖，勤求治理，惟恐子孙仍效汉俗，预为禁约，屡以无忘祖宗为训，衣服语言悉尊旧制，时时练习骑射，以备武功。虽垂训如此，后世之君，渐至懈废，忘其骑射，至于哀宗，社稷倾危，国遂灭亡。……先时儒臣巴克什达海、库尔缠，屡劝朕改满洲衣冠，效汉人服饰制度，朕不从，辄以为朕不纳谏。朕试设为比喻，如我等于此聚集，宽衣大袖，左佩矢右挽弓。忽遇硕翁科罗巴图鲁劳萨挺身突入，我等能御之乎？若废骑射，宽衣大袖，待他人割肉而后食，与尚左手之人何以异耶。朕发此言，实为子孙万世之计也。在朕身岂有变更之理。恐日后子孙忘旧制、废骑射以效汉俗，故常切此虑耳。”❶

这一记载也分布于《清史稿》中。

“昔金熙宗循汉俗，服汉衣冠，尽忘本国言语，太祖、太宗之业遂衰。夫弓矢我之长技，今不亲骑射，惟耽宴乐，则武备浸弛。朕每出猎，冀不忘骑射，勤练士卒。诸王贝勒务转相告诫，使后世无变祖宗之制。”

---

❶ 清太宗实录 . 清实录 [M]. 北京：中华书局，1986.

> "昔金熙宗及金主亮废其祖宗时冠服，改服汉人衣冠。迨至世宗，始复旧制。我国家以骑射为业，今若轻循汉人之俗，不亲弓矢，则武备何由而习乎？射猎者，演武之法；服制者，立国之经。嗣后凡出师、田猎，许服便服，其余悉令遵照国初定制，仍服朝衣。并欲使后世子孙勿轻变弃祖制。"
>
> "昔达海、库尔缠劝朕用汉衣冠，朕谓非用武所宜。我等宽袍大袖，有如安费扬古、劳萨其人者，挺身突入，能御之乎？"❶

多尔衮、顺治

顺治二年（公元1645年），摄政王多尔衮颁布"剃发易服"严令，激起中国民众殊死抵抗。当年十月，原任陕西河西道孔闻謤以孔子后人身份疏求免予"剃发易服"，遭拒并被革职。

> "孔闻謤奏言：'近奉剃头之例，四氏子孙又告庙遵旨剃发，以明归顺之诚，岂敢再有妄议。……惟臣祖当年自为物身者无非斟酌古制所载章甫之冠，所衣缝掖之服，遂为万世不易之程，子孙世世守之。自汉、唐、宋、金、元以迄明时，三千年未有令之改者，诚以所守者是三代之遗规，不忍令其湮没也。即剃头之例，……恐于皇上崇儒重道之典有未备也。应否蓄发，以复本等衣冠，统惟圣裁。'谕曰：'剃发严旨，违者无赦。孔闻謤疏求蓄发，已犯不赦之条，姑念圣裔免死。况孔子圣之时，似此违制，有玷伊祖时中之道。着革职永不叙用。'"❷

顺治三年（公元1646年）九月，又下旨："有为剃发、衣冠、圈地、投充、逃人牵连五事具疏者、一概治罪。"不许非议"剃发易服"政策。

---

❶ 清史稿[M]. 北京：中华书局，1976.

❷ 清世祖实录. 清实录[M]. 北京：中华书局，1986.

顺治八年（公元 1651 年），御史匡兰兆奏朝祭宜复用衮冕，因衮冕为汉制而被顺治驳回："一代自有制度，朝廷唯在敬天爱民、治安天下，何必在用衮冕？"[1]

顺治十年（公元 1653 年）十月，刑部擒获两个唱戏者未剃发，而"在外戏子似此尚多"，顺治立即颁诏禁止，表明剃发令之严密残酷。

"剃头之令，不遵者斩，颁行已久，并无戏子准与留发之例。今二犯敢于违禁，好生可恶。着刑部作速刊刻告示，内外通行传饬，如有借前项戏子名色留发者，限文到十日内即行剃发；若过限仍敢违禁，许诸人即为拿获，在内送刑部审明处斩，在外送该管地方官奏请正法。如见者不行举首，勿论官民从重治罪。"

"前曾颁旨不剃发者斩，何尝有许优人留发之令。严禁已久，此辈尚违制蓄发，殊为可恶。今刊示严谕内外一切人等，如有托称优人、未经剃发者，着遵法速剃。颁示十日后，如有不剃发之人，在内送刑部审明正法。在外该管各地方官，奏明正法。若知而不举，无论官民治以重罪。"[2]

顺治十一年（公元 1654 年）三月，大学士陈名夏因倡言"留发复衣冠，天下即太平"，即被弹劾欲"变清为明、弱我国"。

"陈名夏……性生奸回，习成矫诈。痛恨我朝剃发，鄙陋我国衣冠，蛊惑故绅，号召南党，布假局以行私，藏祸心而倡乱。何以明其然也。名夏曾谓臣曰：要天下太平，只依我一两事，立就太平。臣问何事，名夏推帽摩其首云：只须留头发、复衣冠，天下即太平矣。臣笑曰：天下太平不太平，不专在剃头不剃头。崇祯年间并未剃头，因何至于亡国。为治之要，唯在法度

[1] 清世祖实录 . 清实录 [M]. 北京：中华书局，1986.
[2] 同上。

严明，使官吏有廉耻，乡绅不害人，兵马众强，民心悦服，天下自致太平。名夏曰：此言虽然，只留头发复衣冠是第一要紧事。臣思我国臣民之众，不敌明朝十分之一，而能统一天下者，以衣服便于骑射，士马精强故也。今名夏欲宽衣博带、变清为明，是计弱我国也。”❶

并列举罪状多款，“名夏辨诸款皆虚，惟‘留发复衣冠’，实有其语。完我与正宗共证名夏诸罪状皆实，谳成，论斩，上命改绞”。此后，无人再倡汉服。其实，顺治皇帝心里明白“留发复衣冠”是为了稳定，他后来说：“陈名夏终好！”

康　熙

康熙虽说过“视满汉如一体，遇文武无轻重”，但这只是为利于统治而笼络汉人，其骨子里还是坚持以满为本。《康熙实录》中有大量“阅试武举骑射技勇”，及“杭州驻防满兵渐习汉俗，责在尔等”“恐年久渐染汉习，以致骑射生疏”“满洲以骑射为本”的言论，可见其既重骑射也禁汉化。笔者尚未发现康熙直接论及衣冠服饰的言论，但他禁止汉化的态度鲜明：“或有一人日后入于汉习，朕定不宽宥”，不可谓不坚决。

“汉人学问胜满洲百倍，朕未尝不知，但恐皇太子耽于汉习，所以不任汉人，朕自行诲励。……尔唯引若等奉侍皇太子，导以满洲礼法，勿染汉习可也。……朕谨识祖宗家训，文武务要并行，讲肄骑射不敢少废……满洲若废此业，即成汉人，此岂为国家计久远者哉？文臣中愿朕习汉俗者颇多，汉俗有何难学？一入汉习，即大背祖父明训，朕誓不为此。……设使皇太子入于汉习，皇太子不能尽为子之孝，朕亦不能尽为父之慈矣！至于见侍诸子内，

❶　清世祖实录 . 清实录 [M]. 北京：中华书局，1986.

或有一人日后入于汉习，朕定不宽宥！且太祖皇帝、太宗皇帝时成法具在，自难稍为姑息也。”❶

雍　正

雍正帝对衣冠改易问题也有长篇大论，他认为蒙古“改用中国衣冠”“遂至祸败”，反复强调满洲服饰不容“妄议”和“改易”。

“向闻无知愚妄之徒，轻诋本朝衣冠，有云‘孔雀翎，马蹄袖，衣冠中禽兽’之语，其说至为鄙陋。若夫治天下之道，唯在政教之修明，纪纲之备举。从来帝王全盛之时，君明臣良，朝野宁谧，万民安生乐业，不问为何代之衣冠，皆足以为文明之治。……如元代混一之初，衣冠未改，仍其蒙古旧服，而政治清明，天下又安。其后改用中国衣冠，政治不修，遂致祸败。即此可见衣冠之无关于礼乐文明、治乱也。且如故明之末年，衣冠犹是明之衣冠也，而君臣失德，纲纪废弛，寇盗蜂起，生民涂炭。区区衣冠之制，礼乐文明何在世？可能救明代之沦覆乎？我世祖皇帝统一区夏，勘定祸乱，救民于水火之中。……岂容以我朝之衣冠而有妄议乎！盖我朝起自东土，诞膺天命，本服我朝之衣冠，来为万国臣民之主。是上天大命集于我朝祖功宗德者，即天心降鉴在于我朝之衣冠，谓可表中州而式万方也。夫衣冠既为天心降鉴之所在，则奕世相传，岂容擅为改易乎！且如曾静以山野穷僻、冥顽无知之人，尚因妄逆之见，心念故明之衣冠，况我朝席祖宗之鸿业，奉列圣之成规，历世相承，已有百余年，岂有舍己而从人，屈尊而就卑，改易衣冠之理乎？又如今之外藩各国，衣冠之制皆多不同，我朝受其职贡，亦不必强易其衣冠也。况

❶（清）康熙起居注 [M]. 北京：中华书局，1984.

我朝一统之盛，抚有万邦，其衣冠安可轻议乎！”❶

乾　隆

乾隆虽暗崇汉服，有诸多汉服画像，但他同时也是阐述保满服饰和禁习汉俗言论最多的皇帝。其《金世宗论》称赞金世宗禁习汉俗，批评其子孙易汉服。

“《金史》成于元，如元之托克托辈非真史才也，从来论史者于帝王事迹无不吹毛求疵，如世宗之信赏、重农、选吏、求贤诸实政，悉皆班班可考，世号小尧舜，而犹必议其群臣偷安、苟禄，不能将顺其美，以成大顺，为惜是则无一而可为，帝王者抑亦难矣！金世宗他政兹不论，独嘉其不忘故风、禁习汉俗，拳拳以法祖宗、戒子孙为棘。盖自古帝王，未有不以敬念先业而兴，亦未有不以忘本即慆滛而亡者。是以书称无逸诗咏豳风，周之所以过其历也。夫金世宗述祖业之艰难，示继绳之不易，叮咛反复，一再叹惋，使数百年下有志永命之君为之感泣。及继世之孙，不数年而遂易汉服，又不数十年而遂以屋社。吁，可不畏哉，可不怀哉！”

乾隆十二年（公元1747年），乾隆作七言古诗《御制护国寺诗》：“……道同岂必系衣冠，雀弁黄收异周夏。北魏金辽率殷鉴，谬云复古罪无赦。当年爕理责难辞，翁而有知首肯谢。”学者在乾隆敕撰的《钦定日下旧闻考》中注解此诗时批评前代易汉服为“忘本弃旧”。“北魏、金、辽及有元皆易汉衣冠者也，不一二世而陵夷衰微，盖忘本弃旧，徒尚虚文，虽复古何益耶？”

❶（清）雍正．大义觉迷录[M]．台北：文海出版社，1966.

乾隆十七年（公元 1752 年）三月，乾隆阅览《清太宗实录》中皇太极告诫群臣勿得效汉衣冠的训令，表示“自当永远遵循守而勿替”，并下命令在紫禁城箭亭、御园引见楼、侍卫校场和八旗校场立训守冠服骑射碑，镌刻皇太极保持满服饰传统的祖训，以“俾我后世子孙，庶咸知满洲旧制，敬谨遵循，学习骑射，娴熟国语，敦崇淳朴，屏去浮华”。

乾隆十八年（公元 1753 年）十月，湖南武闱技勇考试时有七十老翁刘震宇呈《佐理万世治平新策》书，因“其内中有言朱注错谬、请贬关圣封号祀典及更易衣服制度等条尤为不经”，“妄生议论实属狂诞”，被审讯、黜革、杖一百，并交地方禁锢。署理湖南巡抚范时绶上奏后，乾隆显然对其处置不满，朱批：“观其书乃知汝所办不知大义。”到十一月，乾隆下谕指出刘震宇“更易衣服制度等条实为狂诞”“訾议本朝服制，居心甚为悖逆”，斥责曾嘉奖刘震宇的巡抚塞楞额“丧心已极”，下令将刘震宇即行处斩，范时绶则严加议处。

“调任湖南巡抚范时绶奏称，江西金溪县生员刘震宇呈送所著《治平新策》一书，求为进呈，讯据供称曾经前任江西巡抚塞楞额批示嘉奖，遂刻印售卖。其书内更易衣服制度等条实为狂诞，应照生员违制建白律黜革、杖责、解回原籍等语。刘震宇自其祖父以来受本朝教养恩泽已百余年，且身列黉序，尤非无知愚民，乃敢逞其狂诞，妄訾国家定制，居心实为悖逆；塞楞额为封疆大吏，乃反批示嘉奖，丧心已极，若此时尚在必当治其党逆之罪，即正典刑，则其身遭重谴未必不由于此。此等逆徒断不可稍为姑息，致贻风俗人心之害。刘震宇既经解回江省，着鄂容安将该犯即行处斩，其书版查明销毁，范时绶仅将该犯轻拟褫杖，甚属不知大义，着交部严加议处。”

“据湖南巡抚范时绶奏，江西金溪县生员刘震宇所著《治平新策》訾议本朝服制，居心甚为悖逆。已明降旨、将该犯解江西正法。着先行钞录寄鄂

容安，一得此旨，即予施行，明旨迟一二日再发。看来江西一省士习民风，俱属薄恶，不可不加以整饬。范时绶新调该省，于转移风俗似非所能，可传谕鄂容安，令其留心化导。务令革薄从忠，一洗向来恶习，此亦地方大吏职分应办之事也。”❶

乾隆十九年（公元1754年）十一月，福建生员李冠春向巡抚投递条陈《济时十策》，其中“‘严颁服制裁抑骄奢’一条请改明季衣冠，甚属狂悖”“甚欲更改衣冠制度，尤为狂悖”。十二月，地方官员奏报拟斩，乾隆批准并训诫军机大臣等，认为前巡抚陈宏谋未“严加戒饬治罪”而使该生员“益肆妄谈、毫无忌惮”，于是传旨对陈严行申饬。

“闽浙总督喀尔吉善、福建巡抚钟音奏：‘闻属仙游县生员李冠春拦舆具呈、投递《济时十策》，语多诞谬，而第六条妄议衣冠制度，尤为狂悖。当即拘拏研讯，照例定拟斩决。’谕军机大臣等：‘据喀尔吉善、钟音奏，福建仙游县生员李冠春、拦舆献策词语狂悖、请旨即行正法一折，所办甚是。’折内并称，讯据该犯于乾隆十七年曾经呈过陈巡抚。随将原稿搜出，并无服色河决诸说，与现在策本不同等语。是陈宏谋彼时不行举发，虽属隐忍，尚以其无甚谬逆之言起见，朕是以从宽姑免深究。然以陈宏谋之为人论之，即使当日见此谬逆，诸说亦未必不心存讳匿，或将置之不论也。生员上书言事，已干犯禁令。使陈宏谋早能严加戒饬治罪，该犯或因此知怕儆惧，不至益肆妄谈、毫无忌惮。《易》所谓：‘小惩而大诫，小人之幸。’今该犯之自罹重辟皆陈宏谋之婉词批发，有以酿之耳。陈宏谋着传旨严行申饬。嗣后倘不思痛改前非，遇事苟且掩饰，仍蹈沽名邀誉之恶习，必不能逃朕

❶ 清高宗实录．清实录[M]．北京：中华书局，1986.

洞鉴。思再邀宽典也将此一并谕令知之。”❶

值得一提的是，陈宏谋“是清朝历史上担任巡抚时间最长、调任职次数最多的地方官员”“是清朝地方官员的典范,尤其是被人们称为‘经世’治理风格的典范”。显然，在处理这类敏感问题时，小心翼翼的陈宏谋差点触及乾隆的底线。

乾隆二十四年（1公元759年），乾隆作《皇朝礼器图式序》指出，虽可依古制修改祭祀仪式，但衣冠却不在议改之列，要求子孙“以朕志为志”。

“夫笾豆、簠簋，所以事神明也，前代以盌盘充数，朕则依古改之。至于衣冠乃一代昭度，夏收殷冔，本不相袭，朕则依我朝之旧而不敢改焉。恐后之人执朕此举而议及衣冠,则朕为得罪祖宗之人矣,此大不可！且北魏、辽、金以及有元凡改汉衣冠者，无不一再世而亡，后之子孙能以朕志为志者，必不惑于流言。于以绵国祚、承天祐，于万斯年勿替引之，可不慎乎，可不戒乎？至矣哉！圣人之恪守家法，防微杜渐如是，洵足为亿万祀之金鉴矣！”

该序文除随该书流传外，还被收录在由乾隆撰的《御制文集》和敕令学者撰的《国朝宫史》《皇朝文献通考》等典籍中，用以警诫后世统治者。

乾隆二十四年（公元1759年）和乾隆四十年（公元1775年），

“乾隆己卯，高宗谕曰：‘此次阅选秀女，竟有仿汉人妆饰者，实非满洲风俗。在朕前尚尔如此，其在家，恣意服饰，更不待言。嗣后但当以纯朴为贵，断不可任意妆饰。’此一事也。乙未又谕曰：‘旗妇一耳戴三钳，原系满洲旧风，断不可改节。朕选看包衣佐领之秀女，皆戴一坠子，并相沿至于一耳一钳，则竟非满洲矣，立行禁止。’”❷

❶ 清高宗实录．清实录[M]. 北京：中华书局，1986.

❷ （清）徐珂．清稗类钞[M]. 北京：中华书局，1984.

乾隆三十一年（公元1766年）五月，乾隆强调易服变俗关乎国运，要求大家体察其“思深计远”。

“我国家世敦淳朴之风所重，在乎习国书学骑射。凡我子孙，自当恪守前型，崇尚本务，以冀垂贻悠久。至于饰号美观，何裨实济，岂可效书愚陋习，流于虚谩而不加察乎？设使不知省改相习成风，其流弊必至令羽林侍卫等官咸以脱剑学书为风雅，相率而入于无用。甚且改易衣冠、变更旧俗，所关于国运人心，良非浅显不可不知警惕。朕前此御制皇朝礼器图序特畅申其旨，曾令阿哥等课诵迩来批阅通鉴辑览。于北魏金元诸朝，凡政事之守旧可法，变更宜戒者，无不谆切辩论，以资考鉴。将来书成时，亦必颁赐讲习，益当仰体朕之思深计远矣。”❶

乾隆三十七年（公元1772年）十月，乾隆又指出“改衣冠”而至“国势浸弱”“甚可畏也”，要求子孙后代“毋为流言所惑”、不得改服。

“前因编订《皇朝礼器图》，曾亲制序文，以衣冠必不可轻言改易。及批通鉴辑览，又一一发明其义。诚以衣冠为一代昭度，夏收殷冔，不相沿袭。凡一朝所用，原各有法程，所谓礼不忘其本也。自北魏始有易服之说，至辽金元诸君浮慕好名，一再世辄改衣冠，尽失其淳朴素风。传之未久，国势浸弱，洊及沦胥，盖变本忘先，而隐患其中。覆辙具在，甚可畏也。……溯其昭格之本要，在乎诚敬感通，不在乎衣冠规制。夫万物本乎天、人本乎祖，推原其义，实天远而祖近。设使轻言改服，即已先忘祖宗，将何以上祀天地？经言：‘仁人飨帝、孝子飨亲。’试问仁人孝子岂二人乎，不能飨亲，顾能飨帝乎？朕确然有见于此，是以不惮谆覆教戒，俾后世子孙知所法守，是创论、实格

❶ 清高宗实录．清实录[M]．北京：中华书局，1986.

论也。所愿奕叶子孙，深维根本之计，毋为流言所惑，永永恪遵朕训，庶几不为获罪祖宗之人，方为能享上帝之主，于以绵国家亿万年无疆之景祚，实有厚望焉。”

乾隆五十年（公元 1785 年）二月，乾隆作《御制国学新建辟雍圜水工成碑记》纪念“天子国学”辟雍完工，以满汉两种文字立碑于国子监。乾隆担心后世“于一切衣冠典礼，皆欲效汉人之制”，为保清朝统治基业，在文中强调“其不可复者，断不可泥古而复之”。

“予惧之者，恐后之人执予复古之说，于一切衣冠典礼，皆欲效汉人之制，则予为得罪祖宗之人，匪教伊虐，甚虑不宜也。予之子孙臣庶，体予此心，于可复古者复之，其不可复者，断不可泥古而复之。夫徒慕复古之虚名，而致有忘祖宗之实失，非下愚而何？予不为也。予敬以是告子孙，以保我皇清万年之基也。”

乾隆五十四年（公元 1789 年）五月，清军在安南战事中被阮惠打败，国王黎维祁败逃广西，乾隆欲改封阮惠（后改名阮光显）为王。因此，清廷令黎氏剃发易服，使阮氏知其“断无回国之理”。

“黎维祁因无能失国弃印潜逃，今姑宽其失守藩封之罪，安插桂林省城，酌给养赡，比于编氓。若听其仍旧蓄发，服用该国衣冠，与内地民人迥异，殊于体制未协。着传谕该督抚，即令黎维祁、并伊随从人等一体剃发，改用天朝服色。将来阮光显经过桂林时，与黎维祁会晤，见其业经剃发，服色改易，断无回国之理。并可令阮光显差人回国，寄知阮惠，俾得释其疑畏。”[1]

[1] 清高宗实录 . 清实录 [M]. 北京：中华书局，1986.

而到第二年（公元 1790 年）二月，乾隆要求“内地蟒袍料，不可改作汉衣圆领”，又称安南“朕意其国俗向沿汉制，衣服及蓄发，断不可改”，因而此事足可表明：剃发易服仍是彻底归顺清、作为清臣民的象征。

值得注意的是，乾隆五十五年（公元 1790 年）二月，在率队到京给乾隆祝寿前，此前打败清军的安南阮光显国王派人到北京、汉口等地购买“内地蟒袍”，而后“复呈寄式样，请织交龙蟒袍，以为朝宴之服”。乾隆一方面欣喜于“外藩羡慕中华黼黻”，准备“照亲王品级，给予红宝石帽顶、四团龙褂，并当如阿哥服色赏给金黄蟒袍，用示优异”。另一方面又担心其“所言未明”及蟒袍式样“是否与天朝制度相仿”，等到三月份进呈才发现那不过“系汉制圆领”，于是抱怨：“试思汉制衣冠，并非本朝制度，只可称为圆领，何得谓之蟒袍，更何得谓之中华黼黻乎？此必系庸劣幕宾，拟写折稿时随手填砌成文……思之殊增烦懑。”最终在七月的承德万寿节上，安南国王为“一时权着”请求改穿满清服饰来祝寿，以讨好乾隆，但这一行为让仍穿着汉式衣冠的朝鲜、琉球使臣都感到诧异、鄙夷和愤怒。例如，朝鲜柳得恭讽刺说：“三姓如今都冷了，阮家新着满洲衣。”这表明当时“易服色”仍是令满、汉及朝鲜、安南、琉球等各方冲突纠缠之事。表明相对于“历史中国”“文化中国”“现实中国”“政治中国”在东亚各国烙下了深刻印象。❶

还应指出，曾嘉奖刘震宇的满洲大臣塞楞额等因于乾隆十三年（公元 1748 年）皇后死后触犯“百日方可剃发”的满洲旧俗，被贯彻“法祖”思想的乾隆赐死。不过到了 47 年后的乾隆六十年（公元 1795 年）十月，已 84 岁的乾隆忧虑于满洲子弟汉习日益严重的情势，认为守孝三年不剃发“与前代汉人蓄发何异”，担心有人因此“怂恿改服制”，于是又向皇太子（即嘉庆）、皇子、军机大臣等重申北魏、辽、金、元的亡国教训，强调“祖宗垂训无得改用汉人服色”。

❶ 葛兆光．朝贡、礼仪与衣冠——从乾隆五十五年安南国王热河祝寿及请改易服色说起 [J]. 复旦学报（社会科学版），2012(2).

“奏知圣母皇太后，蒙严谕:‘皇帝此举差矣。我朝旧制，服孝不应剃发。’设三年之久不剃，与前代汉人蓄发何异？且祭神最为吉礼，若因不剃发，遂三年不祭神，更非吉事。且与国典有关，此断断不可之事！……我皇清之制，与汉姓殊，……蓄发三年，又与改装汉人何异？且必有因此而怂恿改服制者，前代北魏、辽、金、元初亦循乎国俗，后因惑于浮议，改汉衣冠，祭用衮冕，一再传而失国祚。是以祖宗垂训，无得改用汉人服色，实万万年贻谋燕翼之道。……两朝共阅百二十余年之久，……较之北魏、辽、金、元轻改服色，转不克享天心，未数传而不祀者，得失岂不彰明较著哉。若后世无识之徒，复有循古衣冠之议者，即可执此谕以破其迷。”❶

其实，乾隆的这两种不同做法并不矛盾，都是为了维护满洲风俗和部族狭隘利益，而采取了禁止汉化这一违逆民族融合与团结之趋势的举措。

嘉 庆

嘉庆帝同样恪守满洲祖训：“清语骑射为满洲根本”“旗人原以学习清语骑射为本”“祖训勿改衣冠骑射”。他于嘉庆九年（公元 1804 年）二月阅览乾隆朝实录“改易衣冠、变更旧俗不可不知警惕”时，重申“国语骑射，尤当勤加肄习”的思想。

“朕恭阅皇考高宗纯皇帝乾隆三十一年实录：‘……皇子读书，惟当讲求大义，期有裨于立身行己。至于寻章摘句，已为末务，矧以虚名相尚耶？我国家世敦淳朴，所重在乎习国书、学骑射，岂可效书愚陋习，流于虚谩。设使相习成风，其弊必至令羽林侍卫咸以脱剑学书为风雅。甚且改易衣冠、变

❶ 清高宗实录 . 清实录 [M]. 北京：中华书局，1986.

更旧俗不可不知警惕等因。钦此。'仰见我皇考崇实黜华、敦本贻谋至意。自奉皇考训谕以后，咸各凛遵弗忘。……而圣训昭垂，意至深远，所当敬谨申明，俾知法守……惟当讲明正学，以涵养德性、通达事理为务。至辞章之学，本属末节，况我朝家法相传，国语骑射，尤当勤加肄习。若竟以风雅自命，与文人学士争长，是舍其本而务其末，非蒙以养正之意也。著将此旨实贴上书房，俾皇子等提撕警觉，用仰副皇考及朕谆谆垂训之意。"❶

虽然嘉庆的训令有禁止缠足、崇尚俭朴的积极因素，如嘉庆九年（公元1804年）二月满洲镶黄旗都统奏报该旗汉军秀女19人缠足，嘉庆谕称：

"该旗汉军秀女竟有缠足者，甚属错谬……著通谕八旗汉军：各遵定制，勿得任意改装。……再此次挑选秀女，衣袖宽大竟如汉人装饰，竞尚奢华，所系甚重。著交该旗严行晓示禁止，务以黜华崇俭为要。"

但嘉庆更多的是出于极力避免满洲被汉化融合的狭隘心态。如他于嘉庆十一年（公元1806年）五月谕内阁时重申皇太极和乾隆的训诫，再有效汉宽衣袖、裹足者除治罪"秀女父兄"外，更要将都统章京等官员革职，不可谓不严厉。

"我朝服饰，自定鼎以来，列祖钦定。从前太宗文皇帝训诫令后世子孙衣冠仪制，永遵勿替；皇考高宗纯皇帝重申训谕，刻石建于箭亭，垂示久远。圣谕煌煌，实有深意，自宜永远奉行。傥年久沾染汉人习气，妄改服饰，殊有关系。男子尚易约束，至妇女等深居闺阃，其服饰自难查察。著交八旗满洲蒙古汉军都统、副都统、参领、佐领等留心严查。傥各旗满洲、蒙古秀女

❶ 清仁宗实录 . 清实录 [M]. 北京：中华书局，1986.

内有衣袖宽大、汉军秀女内仍有裹足者，一经查出，即将其父兄指名参奏治罪，毋得瞻徇。傥经训谕之后，仍因循从事下届挑选秀女，经朕看出，或有人参奏，除将该秀女父兄治罪外，必将该旗都统章京等革职，断不轻宥。著交八旗满洲蒙古汉军、务使家喻户晓，实力奉行。”

嘉庆二十一年（公元1816年）十一月，御史罗家彦上奏建议八旗从事纺织以缓旗民生计问题，而八旗都统认为“事多窒碍”，嘉庆则召见诸皇子和军机大臣，斥罗“竟欲更我旧俗”、革其御史之职，并要求旗装效仿汉人之风“断不可长”。

“我朝列圣垂训，命后嗣无改衣冠，以清语骑射为重，圣谟深远，我子孙所当万世遵守。若如该御史所奏，八旗男妇皆以纺织为务，则骑射将置之不讲。且营谋小利，势必至渐以贸易为生，纷纷四出，于国家赡养八旗劲旅，屯住京师本计，岂不大相刺谬乎？近日旗人耳濡目渐，已不免稍染汉人习气，正应竭力挽回，以身率先，岂可导以外务，益远本计矣？即如朕三年一次阅选秀女，其寒素之家，衣服当仍俭朴，至大臣官员之女，则衣袖宽广逾度，竟与汉人妇女衣袖相似。此风断不可长！现在宫中衣服，悉依国初旧制，乃旗人风气。日就华靡，甚属非是，各王公大臣之家，皆当为敦旧俗，倡挽时趋，不能齐家，焉能治国。……罗家彦此折，若出于满洲御史，必当重责四十板，发往伊犁。姑念该御史系属汉人，罔识国家规制，但他识见如此，竟欲更我旧俗，岂能复胜宫官之任？著革退御史职务，仍回原衙门以编修用。”❶

❶ 清仁宗实录.清实录[M].北京：中华书局，1986.

本质主义的汉服言说和建构主义的文化实践——汉服运动的诉求、收获及“瓶颈”❶

文/周　星❷

[**摘要**] 自 2003 年作为一项运动兴起以来，汉服运动极大地拓展了传统“中式服装”的内涵和外延，为其进一步发展提供了新的可能性。当前，以互联网为舞台的汉服言说及汉服运动的相关理论，具有追求文化纯粹性之本质主义的特点，但“同袍”们在社会公共空间的户外汉服活动却又具有明显的建构主义的特点。因此，要理解汉服和汉服运动，就应该将互联网“上线”状态的讨论和“离线”状态下的文化实践结合起来思考。

❶ 周星．本质主义的汉服言说和建构主义的文化实践——汉服运动的诉求、收获及“瓶颈”[J]. 民俗研究，2014(3).

❷ 周星，民族学博士，现任日本爱知大学国际中国学研究中心（ICCS）博士课程指导教授。

[**关键词**] 汉服;汉服运动;中式服装;本质主义;建构主义

自从2001年以上海APEC会议为契机促成了“新唐装”的流行之时起,笔者就一直关注并致力于对中国社会有关“民族服装”之文化实践或建构活动的学术研究;自2003年“汉服运动”兴起以来,也一直坚持对其发展和演变进程做持续观察,并试图对其基本理念、社会背景、亚文化社团群体的构成及其诉求,以及汉服运动内在的逻辑和悖论等予以梳理,希望能从文化人类学、民俗学和社会学(文化研究)等学术的立场出发,理解和说明汉服运动的内在机制及其在现当代中国社会得以存续的意义。除了直接从互联网的相关主题性(涉及中山装、旗袍、唐装和新唐装、汉服和汉服运动、民族服装、中华民族、汉族和汉文化、少数民族服饰等为数甚多的关键词)网站或论坛社区,获得各种信息资源和研究资料外,在2011—2013年期间,笔者还通过人类学参与观察方法,实地参与若干不同城市汉服社团举办的汉服活动,进行近距离观察;同时,采用深度访谈方法,多次对多位汉服运动理论家、汉服社团领袖、户外汉服活动的组织者(召集人)、参与者和周边围观者等进行了访问和请教,偶尔还采用召开座谈会的方式进行调查。本文以这些调查所获资料为依据,拟对汉服运动的历程和现状进行归纳,并就其面临的焦点及前景问题展开一些思考。

“汉服”:追求文化纯粹性的寻根

就在2002—2004年间,唐装或曰“新唐装”的流行热潮方兴未艾之际,中国社会却以新兴的“网络虚拟社区”(网站)为基本活动空间,以都市青年“网友”(早期称“汉友”,现在称“同袍”)为主体,兴起了又一轮与国民服饰生活有重大关系的新话题,即汉服和汉服运动。

那么,什么是“汉服”?汉服又被称为“衣裳”“汉衣服”(《汉书·西域传·渠

挈传》)、汉衣冠、“汉装”(《清史稿·宋华嵩传》)、“华服”、“唐服”(《新唐书·吐蕃传》《旧唐书·回纥传》)等。“汉服”一词在历史上并不常用,并非一个固定用语,而是有很多其他类似称谓,彼此可相互替代。甚至这一概念在辛亥革命前后的“易服”运动中亦不多见。它其实是21世纪初的一个新词。目前,它可被理解为是对汉民族传统服饰的概要性简称。对这一概念,从相关网站的讨论、表述及网友们的言论来看,存在很多歧义。可以说,对“汉服”的理解及分歧,实际上和此前有关“唐装”一词曾经有过的困扰颇为相似。事实上,唐装或新唐装和旗袍等,常被理解为“中式服装”,但在汉服运动看来,它只是“满装”而已,不应与历史上的“唐服”相混淆。将满装称为唐装是无知者不恰当的称谓。目前,中国内地媒体和一般公众容易理解并倾向于接受的“汉服”定义,是指它为华夏—汉族的传统服装或民族服装,具有独特的汉文化风格特点,明显区别于其他民族的传统服装或民族服装。

把汉服理解为汉族的民族服装,确实通俗易懂。[1]在这个定义中,通常并不包含汉人曾经穿过或现在仍在穿用、却被认为不能够代表汉文化特性的服装。例如,清朝的长袍马褂和旗袍、近代以来的西服和中山装、现当代的牛仔裤及夹克衫等。换言之,在这个定义里,隐含着对于汉族服饰文化之“纯粹性”的追求,它和汉民族人民实际的“服装生活”并不完全重合。汉服是汉民族服装生活里那些被认为能够代表汉文化特征,并且具备了得以和其他民族相互区分之特征的服饰。显然,必须把“汉民族传统服饰”和“汉民族服饰生活”这两个既相互关联、又彼此不同的范畴加以区分,才能够理解汉服和汉服运动。于是,汉服的“起源”问题就显得非常重要。起源的古老性和此种服饰文化传统的悠久性,在汉服运动的理论体系中具有举足轻重的价值。与此相关的,当然还有连续性和纯粹性。就连续性而言,汉服被说成是从上古的夏、商、周直至明末清初,绵延几千年,它

[1] 张梦玥. 汉服略考 [J]. 语文建设通讯, 2005(3).

由华夏族及后来的汉族所发明、穿用，并自然演化为独具本民族文化特点，能和其他民族的传统服装形成鲜明区别的服饰文化体系。此外，甚至还有把汉服上溯至史前时代的“文化英雄”黄帝的见解。虽然中国古史上确实有黄帝制定华夏“衣裳”的典故[1]，但这在学理上尚值得商榷。因为华夏族群和汉民族的形成过程事实上要复杂得多。至于纯粹性，如不少网友都倾向于认为，汉服乃是一套在汉文化基础上形成的基本上固定不变的服装款式或形制，在强调其独一无二之独特性和纯粹性的同时，对中国历史上服饰文化的族际交流曾经反复进行和大量存在的复杂性史实，却熟视无睹或不予重视。不言而喻，在纯粹性追求的背后，或明或暗地潜藏着汉文化的优越意识。在鼓吹汉服运动的网站里，汉服成为汉文化优越性的最重要依据或载体。总之，汉服所指称的汉民族传统服饰，被认为是超越了王朝、地域及汉文化内部众多方言集团和不同“民系”而共享并稳定存续的服饰文化体系。一般而言，它并不是只指某一类具体的款式或形制。汉服的上述定义自成逻辑，但其面临的困难部分地来自在多民族的中国历史上。华夏—汉族和其他民族的境界线并不总是泾渭分明，汉和非汉民族之间的文化采借、同化、异化等现象及过程，更是非常频繁和复杂。因此，定义虽然颇为单纯，但汉服运动在追溯汉服历史时，却很难回避其汉民族服饰生活的复杂多样性。

汉服运动之汉服定义的另一焦点是，涉及国内多民族社会及文化之族际关系的场景性。汉服言说的基本前提之一，是相对于少数民族服饰文化而言的，即相对于蒙古袍、藏袍、满装，以及苗族和维吾尔族等各少数民族的民族服装而言的。在国内多民族相互比较的文脉、语境或场景下，汉族的民族服装被认为处于“缺失”状态。而导致此种状态的罪魁祸首，便是清初满族统治者的高压强制同化政策。当时，服装成为汉人是否接受清朝统治的最重要标志。因此，汉服运动对汉

[1] 《史记·五帝本纪》:“黄帝之前，未有衣裳屋宇。及黄帝造屋宇，制衣服，营殡葬，万民故免存亡之难。”《易经·系辞下》:“黄帝垂衣裳而天下治。”。

服之正当性的论证，充分借助了历史悲情意识。❶此种悲情和现实的中国多民族场景下的“失落感”（如政府官方网站对汉族的图像介绍，曾以“肚兜”为装束）相互刺激，遂成为汉服运动的动力机制之一。在国内多民族的语境或场景下，汉服的正当性容易被论证，也不难被接受。但很不幸，如果是在族际对峙、冲突的氛围下，汉服运动就很有可能被批评为是一种激进的“大汉族主义”。汉服运动在笔者看来，是一种汉文化民族主义。它在当前中国的民族研究过度强调“族别”而忽视“族际”的话语或言说体系中，是一种典型的“刺激反应”。过去谈论各少数民族之“族别”的历史、文化或服饰、舞蹈等时，“剩”下来暧昧的部分似乎就是汉族的，但现在出现了虽然是极少数，却愿意积极地去正面表述、归纳和宣扬汉文化的都市汉族青年。

当代中国现实的多民族场景，确实常会凸显汉族民族服装缺失的尴尬。如在2004年的“56个民族金花联欢活动”中，汉族“金花”吕晶晶因为不知道汉族的民族服装是什么，于是身着西式黑色晚礼服出场，这可以说是一个颇具象征性的情境。❷但在2009年8月16日，“汉族之花”杨娜身穿汉服与55个少数民族的“民族之花”一起，出席在内蒙古鄂尔多斯举行的第十一届亚洲艺术节开幕式及“民族之花”专场演出时，则被认为是汉服首次与少数民族服装同台亮相。“2009民族之花选拔大赛”经文化部批准，由艺术节组委会主办，牵动了汉服吧等许多汉服网站和全国各地汉服社团的积极响应。因此，汉服借助“汉族之花”杨娜的出场这一事件，既凸显了那个经典的尴尬局面，又证明了汉服运动的合理性、正当性，以及它在很多人努力下取得成功的可能性。

历史上，汉服也是在不同的族际场景下才会被凸显出来。《新唐书·南诏传》:“汉裳蛮，本汉人部种，在铁桥。唯以朝霞缠头，余尚同汉服。”《新唐书·吐

❶ 周星．汉服之“美”的建构实践与再生产 [J]. 江南大学学报（人文社会科学版），2012(2).

❷ 徐志英．杭州西子湖畔五十六朵金花争奇斗艳 [N]. 沈阳今报，2003-09-30.

蕃传》："结赞以羌、浑众屯潘口……诡汉服，号邢君牙兵。"这都是在和异族对比之中，或被异族所认知的汉服。但此处的汉服与其说是某种款式，不如说是汉人的服饰似乎更为贴切。辽代实行二元政治，《辽史·仪卫志》："辽国自太宗入晋之后，皇帝与南班汉官用汉服；太后与北班契丹臣僚用国服，其汉服即五代晋之遗制也。"清初，满族统治者强制汉人"剃发易服"，甚至连"典礼之宗"的孔府以"定礼之大莫于冠服"为由，称臣并希望保留孔家三千年未变之衣冠，亦遭拒绝。这确实是汉人难以接受的基本史实。不过，若是把所谓汉服的消亡理解为完全是由于清朝统治者的强制同化所导致的表述，未必全都符合事实。例如，清朝时的汉族妇女服饰事实上曾以多种路径一直延续到民国时期❶，它在后来被放弃应该是基于其他原因，如被富于时代感的新服装所取代等。旨在复兴汉服的汉服运动，在理论上更重视男装，故对男装的历史断裂尤为耿耿于怀。在社会公共空间的汉服穿着实践常以女装更为突出，也更易获得正面评价和被公众接受。分布在如此广阔的地域且人口规模巨大的汉族，在各地域的"民俗服装"更是复杂多样，仅以现当代一些汉族支系的服装而言，诸如贵州屯堡人的所谓"凤阳汉装"❷、惠安女的独特服装和广西高山汉的服装等，均意味着汉服的地域复杂性在某种意义上至今犹存。如果把女装纳入进来，则汉服"消亡"的历史要更加漫长、曲折和复杂。当今重新复兴汉服的运动，固然有其针对清初强制同化之结果的逆反或清算，但更应将其置于当代情境下去探讨它的意义，毕竟当下和辛亥革命前后以"易服"体现改朝换代的需求已有很大不同。当下主要是基于全球化背景要寻找"失落"的传统文化，即"寻根"的需求。考虑到不久前曾经更为彻底的"文革"对传统文化（"四旧"）的扫荡，对眼下的汉服运动实不宜孤立地去理解，而

❶ 崔荣荣，牛犁 . 清代汉族服饰变革与社会变迁 (1616—1840 年) [J]. 艺术设计研究，2015(1).

❷ 据咸丰《安顺府志》记载："妇女以银索绾髻，分三绺，长簪大环，皆凤阳妆也。"

应将其视为21世纪初中国一个更大的文化复兴运动的支脉。

从已有的描述、辨析和穿着实践来看，汉服主要是历史上汉人社会中上层阶级的人士更多穿用的款式。虽然它不能涵盖有更多人口的劳动阶级的服饰，却被认为是更具有代表中国文化传统资格的服饰种类。以服饰文化中的“华丽传统”而非基层劳作阶级的简朴服饰作为民族服装，其实也是世界很多民族的惯例。汉服体现出来的优雅、悠闲、自然和飘逸，被认为适宜于清静、安详和豁达的生活，更被认为很好地表现了汉民族特有的文化气质及仪容等。尽管历史上的汉族曾经穿着过很多形制、款式和风格的服饰，很难用某种或某类服装样式予以完全概括，但汉服的造型或款式特点仍被简略化地归纳为：交领、右衽、宽衣、大袖、博带、不用扣、以纽带系结。具体有“上衣下裳”、“深衣”（上下身一体的袍服，其内有裤）“上衣下裤”、“襦裙”（短上衣和下裙组合）等若干种基本款式。其中，以深衣在汉服运动中最受青睐，甚至有人尤其是钟情于儒学的人，主张用它统一当代汉服，视之为汉服的统一或基本式样。有同袍认为，深衣最能体现汉族传统文化的精神，说它象征天人合一、恢宏大度、公平正直，含有包容万物的东方美德。穿着它行动进退合乎权衡规矩，生活起居顺应四时之序。其袖口宽大，象征天道圆融；其领口相交，象征地道方正；背有一条直缝贯通上下，象征人道正直；腰系大带象征权衡；分上衣、下裳，象征两仪；上衣用布四幅象征一年四季；下裳用布十二幅象征一年十二月等。[1] 此类解说和民国年间人们为中山装建构合法性时附丽很多意义的手法如出一辙。

有人说汉服有礼服和常服之分，也有人说一套完整的汉服有小衣、中衣和大衣三层。总之，各种表述很多，尚不能趋于统一。历史上帝王贵族的章服、冕服，通常是在举行隆重仪式时穿用的礼服。其实，它们就是上衣下裳制的豪华版。

---

[1] 赵宗来 . 北京奥运会的服饰礼仪倡议书 [EB/OL]. [2007-04-05]. http：//bbs.tianya.cn/post-647-484-1.shtml.

汉文化对服饰曾经赋予了很多的象征性意义，但归根到底，这些意义大都指向古代礼制，尤其是等级身份制。当今复兴汉服之际，困扰之一便是如何理解汉服和它曾经承载的那些意义之间的关系。历史上的衣冠之治或衣冠服制，对内强调等级和身份，对外自然是以其作为族际区分的标志，用服饰体现“华夷之辨”，将“束发右衽”和“披发左衽”相对比，以服饰装束作为“我族”认同之最醒目的符号。可是，由于在多民族的中国历史上，各民族之间的互动，包括混血、交流、采借、同化等，不仅在血缘上“你中有我，我中有你”❶，包括服饰在内的文化更是如此。战国时，有“胡服骑射”；北魏时，有异族主动汉化；唐朝时，汉胡同风；反映在服饰文化上，既有胡化现象，又有汉化现象。因此，在承认汉服的独特性，视其为汉民族文化认同的符号之一（并非唯一）的同时，也应承认汉人服饰生活的多样性、复杂性。汉族传统服饰实际上也是几千年族际文化交流互动的产物。

汉服运动的理论基本上是本质主义的。其历史追溯至上古，既重视汉服的起源正统性及历史悠久性，又重视其作为华夏—汉族之文化的纯粹性、原生态和本真性。同时，它还坚持认为在汉服和汉民族的文化属性之间有一种本质的关联性，相信华夏—汉族的复兴必须以汉服为先导。此处所谓本质主义，是指相信事物皆有某种固定不变的核心“本质”。它是内在地制约着事物性质的立场、观点或理念。比如，在网络的汉服言说中，同袍们坚持认为汉服是独立的服饰文化体系，内含某种近乎绝对的民族精神与永恒不变的“汉心”或华夏“汉族性”，相信汉服对于汉民族有本质性意义，是不可或缺的符号或载体。同袍们不仅相信汉服这一类事物，甚至连这个范畴也具有永恒价值，还相信在汉服和它所内涵的本质之间的关系是客观存在并永恒不变的。甚至他们认为汉服的本质优先于现实生活而超验存在，它不能被质疑，也不应认为其所承载的意义是事后附加或建构的。于

❶ 费孝通．中华民族的多元一体格局 [J]. 北京大学学报（哲学社会科学版），1989(4).

是，不仅汉服的复兴有其必然性，而且在某些汉服同袍看来，甚至它的某些款式也必须是恒常而非演化的。所以，反复论证其起源的久远性和发展的连续性，也就意味着汉服这一文化体系的本质可以超越、脱离所有具体的王朝时代或社会历史状况而存续。汉服运动有唯服装至上的思想倾向，这种思想其实是源于中国几千年历史上曾经形成的以服饰承载象征意义的文化传统。本质主义的汉服理论认为，在汉服或其款式、形制之中内含根本性或至上的民族精神，认为汉服反映了优秀的文化品格。有鉴于此，在文化多元主义理应成为国家文化政策之基本要义的当今，在多民族的构成日益显得重要的中国现代社会，对汉服运动倡导的理念及其承载的情感和诉求，均必须予以具体和冷静的分析。

汉服运动具有多重属性，从不同角度看，各有不尽相同的意义。从中国传统文化在 21 世纪全面复兴的趋势来看，汉服运动不过是国学复兴、民间信仰复兴、传统礼仪复兴等大潮中的一支流脉。在国内多民族格局背景下，汉服运动又似乎是在争取民族服装的平等权利。但正如“大汉”“天汉”“皇汉”“汉心”等网站名称及汉服论坛的常用词汇所显示的那样，过于强调族缘“血脉”意识和追寻文化纯粹性的汉服运动，也有可能促使汉文化中心及优越意识得到强化，很容易被认定为“族裔民族主义”。若从国际社会和全球化的背景去分析，汉服运动又具有“全球在地化”实践的属性，它力图建构并凸显中国符号，以强化符号认同（相对于和服、韩服、西服等），追溯并试图保持中华文化之根。无论上述哪种理解，因场景不同，其论述或表象的原理也就有所不同。但归根结底，有一点是在任何场景下汉服运动均具备的突出特点，即强调甚至夸大汉服这一符号的重要性，把汉服能否复兴视为华夏—汉族复兴，进而中华复兴和中国复兴的关键及先决条件。

汉服活动中“汉服”的建构性

2002年年初，网友“华夏血脉”在新浪军事论坛发表了题为《失落的文明——汉族民族服饰》的文章。同年7月，网友“大周”在网络创建“大汉民族论坛”，后成为“网络汉民族主义”的起源地和重要据点。❶ 2003年1—3月，网友“步云”“大汉之风”等相继参与创建“汉知会”（汉文化知己联谊会，系汉网前身）和“汉网”（www.haanen.com，2005年以后更名为www.hanminzu.com），汉服运动由此开始了网络探索和激烈论战的时期。这期间，“水滨少炎”“万壑听松”“赵丰年”“蒹葭从风”等年轻人相继在网络论坛发表了各自颇有影响力的文章，其格调以有关“汉服”的历史悲情为特点，思路也大都是本质主义的。这些才思横溢的文章对后来的汉服运动产生了重要和深远的影响，并在相当一段时期内左右着汉服运动的方向。❷这些网络写手后来大都成为汉服运动中颇为著名的理论家、骨干或积极实践者。虽然从外部看来，涉及汉服相关问题的网络论战就像茶杯里的风暴，但它却导致汉网裂变，相继分化出“天汉网”“新汉网”“汉未央网”“华夏汉网”和“百度贴吧”等多家新的网站。这一方面扩大了汉服运动的声势，培养了一批批的汉服运动的精英骨干；另一方面也使汉服运动的理念趋于多样化。可以说，汉服运动是互联网之子，如果没有互联网，它就不会如此迅速地崛起。这也正是当前汉服运动之所以能够比辛亥革命前后更成气候的重要原因。

以网络上的汉服虚拟社区为基地、为阵地反复展开的汉服论战，总是以本质主义为导向、为特点、为归宿的。这多少与复兴汉服的思潮最先是在海内外一些网络论坛（如天涯论坛）的极端民族主义氛围中得以滋生有关。开始时，它只

---

❶ 王军. 网络民族主义与中国外交 [M]. 北京：中国社会科学出版社，2011.

❷ 本文关于汉服运动之发展历程，尤其是有关早期网络讨论阶段的信息和资料等，着重参考了杨娜主编的《中国梦汉服梦：汉服运动大事记（2003—2013年）》。

是作为对某些异族匿名网友的极端民族主义言论的“刺激反应”而出现的。与之形成鲜明对照的是，汉服运动在“离线”状态，即在现实的社会公共空间，在同袍们的穿着实践中，却始终具有明显的建构性、变通性和通融性，并没有走向极端，也鲜有激进行为。同袍们的户外服装活动是较为温和的，他们的社会文化实践，尤其是其各种策略、举措和活动方式充满了建构主义的变通。建构主义倾向于认为事物承载的意义并没有不变的本质，不仅形式，就连意义也都是在特定的历史条件下或社会背景中被各种力量的当事人所选择、认定、分类、附会、粘贴甚或拼凑而成的。意义是在事物发展的过程之中逐渐被追加或阐释的。之所以说同袍们在汉服社团户外活动中的行为是建构主义的，是因为大多数在现实社会生活中或公共空间里的汉服穿着及展示行为，若仔细分析其具体的操作实践或活动细节，均不难发现同胞们并不拒绝临时的变通和应景的建构。汉服运动试图在当代中国复兴某种意义上已是古装的服装，它面临诸多挑战、问题和困扰，大都和当代中国社会的实际现状有关。汉服运动是在和现实社会的对话、博弈和抗争中，在不被理解，甚或被误解、曲解的大环境中，既坚持一些在他们看来是不能让步的基础理念，也不断作出变通和调适，采用多种多样的路径和几乎是一切可能的方式，并由此取得了进展。

2003 年年初，澳大利亚华裔青年“青松白雪”和网友“信而好古”在汉网讨论自制汉服事宜。同年 7 月 21 日，“青松白雪”在网络上传自制汉服照，这是汉服在 21 世纪初的一次“再发现”，据说他几乎是凭借猜想制作的。2003 年 9 月 1 日，“信而好古”上传了自己“束发深衣”演奏古琴的照片，在网络迅速走红。据说这是依据江永《乡党图考》的“深衣图”为样本自制的。后来，还曾创建“华夏复兴论坛”的“信而好古”认为，只有深衣才可作为“统一式样”的汉服。紧接着，在 2003 年的 10—11 月，由第一个“汉服商家”——武汉“采薇作坊”上传推出了第一套汉服男女装的商品照。“采薇作坊”的“阿秋”参照

《大汉天子》剧照制作的一套汉服（深衣曲裾），于 2003 年 11 月 22 日被洛阳王乐天（网名“壮志凌云”）穿着走上了郑州市的大街上，汉服由此首次引起公众和媒体的关注及报道。从此，汉服这一概念逐渐成为媒体公共话语的关键词之一。❶值得一提的是，率先关注汉服户外穿着行动的是境外新加坡媒体而非国内媒体，然后经海外媒体“内销”才引起连锁性反应。基于以上诸多动向，杨娜将 2003 年视为“汉服运动元年”❷，这是恰当而极有见地的观点。

2003 年 12 月 18—21 日，在北京举行的国贸房展会上，“云加房地产公司”组织了一场“汉装秀”。身着各类“汉装”的模特儿出现在房展会现场，极大地吸引了媒体和观众的眼球。企业以“汉装”作为本质主义的汉服言说和建构主义的文化实践——以“中国文化复兴”的旗帜和标语，颇为引人注目。鉴于简约、围合、人性化、亲近自然等中国传统建筑的美学原则，可被体现为特定房地产项目的“汉风”，因此，该公司选择“汉装”作为其在双井地区的新楼盘即所谓汉装社区“石韵浩庭”❸的形象代言。房展会上，公司免费赠送 1000 件“汉装”睡衣。据说，这种睡衣集中反映了中国人的人生观，即追求悠闲、自然、清静的安详生活。虽无法确认其与汉服运动的关系，但商家此时打出“汉装”招牌，可谓“英雄所见略同”。

2004—2010 年，在中国各主要城市，个人或汉服爱好者（后改称“同袍”）群体，身着汉服参与聚会、雅集等社会活动，尤其是在公共场所展示汉服，或在特别设定的场景（如祭祀民族英雄、祭孔等）以汉服作为礼服的行动日益频繁。汉服运动的积极分子们不断地探索各种新的汉服展示和宣传形式，逐渐形成了汉服户外活动的一些基本模式。根据杨娜的归纳，这便是“网上—网下—网上”的

❶ 张从兴 . 汉服重现街头 [N]. 联合早报，2003-11-29.

❷ 杨娜 . 中国梦汉服梦：汉服运动大事记 (2003—2013 年)[EB/OL]. [2013-10-14]. http：//wenku.baidu.com.

❸ 陈雪根 . 石韵浩庭复兴中式建筑，“汉装”代言中国风格 [N]. 中华工商时报，2003-12-18.

宣传方式，即网络征集人员—社会实践礼仪—回归网络展示成果。

刘斌（“轩辕慕雪”）在2004年8月22日，穿着汉服参加了黑龙江省第二届武术传统项目比赛并取得了好成绩。这被认为证明了汉服作为武术服的可行性，以及为汉服和其他传统文化的链接拓展了新空间。“天涯在小楼”等人组织天津、北京、上海等地30多位网友于2004年10月5日，齐聚北京袁崇焕墓前。这次穿汉服祭祀先烈英雄的活动引起了海内外媒体的高度关注，开辟了此后以祭仪礼服形式展示汉服之策略的先河。此次祭祀活动初具全国性规模，这一特点也颇为醒目。同年年底，“大宋遗民”（赵丰年）制作了主题为“再现华章”的Flash视频作品，由此开创了汉服运动的文艺化走向。此后，历经“万壑听松”、孙异等人的参与和努力，最终形成了《重回汉唐》这一汉服运动的主题曲。从其歌词不难发现，汉服运动的价值取向确实有一些“复古”的趣味。

据杨娜等人仔细梳理而形成的珍贵资料，包括汉服运动先后开创并逐渐积累起来的各种方式、倾向以及路径等，简要归纳如下。

第一，制造、促成或借助各种公共事件，将汉服及汉服运动的理念和实践置于大众舆论的聚焦之下。例如，2004年12月，因汉服新闻报道被篡改为“寿衣”的诉讼案（官司最终获胜）。[1]2007年10月底，百度汉服吧、天汉网、汉网等联合悼念“溪山琴况”英年早逝活动。据说，他是“华夏复兴，衣冠先行”这一口号的首倡者，网络上有收录其“汉服复兴计划”等在内的《溪山文集》流传。2008年4月27日，北京奥运会于韩国首尔的圣火传递仪式上，有网友身穿汉服守护圣火。2010年10月16日，成都反日游行的大学生误认汉服（曲裾）为和服，强迫穿者脱下，并将其在公共场合烧毁的事件等。通过这些公共事件，汉服为何的话题自然成为公众关心的焦点，这在汉服运动的宣传策略上确实行之有效。穿着汉服在天安门、王府井大街、万里长城等全国各地公共热点出现，目的是引

[1] 徐春柳．谁把“汉服”篡改为“寿衣”？[EB/OL]. [2004-12-29]. http：//www.sina.com.cn.

起人们围观，这也曾经是汉服运动早期最常见的一种举动。2010 年 3 月，“云南汉服”向干旱灾区大量捐水，积极参与慈善活动；2010 年“五一”劳动节，“浙江汉服群体”集体游览上海世博会；上海“汉未央”于 2010 年 7 月 9—11 日应邀在世博会公众展示馆组织汉文化及汉服展示活动等，这些都是既吸引眼球，又能博得公众好感的汉服活动。

第二，将汉服作为各种传统节日的礼服盛装，大部分是在户外以集体过节方式进行展示，也有使汉服进入家庭（如春节团圆时穿着）的尝试。如果说后者尚属凤毛麟角，那么前者已发展成为最普遍的一种汉服活动模式。如 2006 年 4 月 7 日，北京、上海、杭州等地的汉服网友，身穿汉服欢度上巳节，举办曲水流觞、水畔祓禊、游春踏青等早已失传殆尽的节日活动。基于 2005 年曾在天汉网和汉服吧引发激烈讨论的“民族传统礼仪节日复兴计划”，汉服运动的参与者们确实是积极地将其付诸实践。以此次活动为契机，后来在每年春节、清明、端午、七夕、中秋、重阳、冬至等传统节日来临之际，全国各地汉服社团均会酌情组织形式多样、花样翻新的穿着汉服参加传统节日的户外活动。把汉服和传统节日活动相结合，逐渐成为汉服户外宣传活动的主打策略。例如，2005 年七夕和冬至，汉服爱好者在上海繁华街道相继举行了汉服宣传活动；2006 年和 2007 年立夏，在北京紫竹院，由北京大学的学生们举行的汉服游艺活动；2009 年中秋，在福州八旗会馆举行的穿汉服祭月活动等。这类活动的规模大小不一，通常是汉服社团或同袍小圈子的自娱自乐，但也有一些经营有方而使活动规模逐年扩大的情形。例如，2009 年 5 月由四川传统文化交流会举办的端午活动，据说约有 400 人以不同方式参加。节日活动内容包括学习汉家基本礼仪、端午祭龙、斗蛋比赛等，活动规模之盛令人印象深刻。

第三，设计、参与或借助各种仪式场合，穿着汉服参加其中。这样既能突出汉服作为礼服（有时作为“祭服”）的功能，又可借机增加汉服在各种媒体的曝

光率。这方面较早的实践如 2005 年 3 月 13 日，吴飞等人在济南文昌阁遗址举办的“释菜礼”（古代儒生入学时祭祀孔子的典礼）；2005 年 4 月 17 日，多位网友在曲阜身穿汉服举行的明朝形制的“释奠礼”等。值得一提的是，这些汉服网友自认的另一身份即民间的“儒家学子”。由此可知，汉服运动和“儒学”“国学”的结合，是其另一条可供选择的路径。当然，更多的情形是特意设计举行的冠礼、笄礼、婚礼和祭礼等。在这些建构性尝试中，有将汉服引入个人的人生通过礼仪的情形，如举行仅限于亲友小圈子的冠礼（如 2005 年 5 月 6 日，石家庄市明德学堂举办的古风成人仪式，吴飞为周天晗行加冠礼）、笄礼（如 2006 年 1 月 3 日，严姬在武汉行笄礼）、婚礼等。事实上，很多汉服运动的早期精英均身体力行地分别举办了个人的汉服婚礼（有周式、汉式、唐式、明式等选项。2006 年 11 月 12 日，“共工滔天”和“摽有梅”在上海举办周制式婚礼）。虽然他们遵循的“古礼”规矩并不统一，既有以集体穿着汉服的形式来体现成人（如 2006 年 5 月 16 日，由武汉市官方主导，有 500 多名学生穿汉服参加的成人仪式）、成婚（如在西安多次举办的汉服集体婚礼）之礼，也有一些对儒家礼制的重温与重构性实践，如乡射礼（如 2006 年 4 月 9 日，中国人民大学“诸子百家园”举行了一次汉服射礼）、开笔礼和祭孔典礼。在一些新兴的民间私塾或蒙学馆、童学馆，身穿汉服祭祀孔子更是必修课之一。事实上，把少年儿童带进汉服活动中，也是一个聪明的策略。再有就是对历史上汉族的民族英雄进行隆重祭祀的祭礼，如 2006 年 1 月 8 日在上海松江以汉服、“汉礼”祭祀夏完淳；2006 年元旦，在河南汤阴岳庙，由岳飞后裔首次穿着汉服祭拜岳飞；同年 2 月 11 日，在江阴文庙穿着汉服祭祀“江阴三公”；从 2008 年 3 月 28 日起，北京每年都举行祭祀文天祥的仪式；从 2008 年 4 月 6 日起，福建每年祭祀戚继光等。汉服在各种祭礼上反复出场，可强化其庄重感，但却使其在“礼服”还是“祭服”的属性之间形成暧昧局面。问题还在于上述所有仪式或典礼，常常因主办者的趣味和认知，既有周制，又有汉制、唐制

和明制，呈现出繁杂、混乱和不相统一的现状。

第四，积极参与国家或地方政府主导的多种话语及相关活动，努力使汉服不断介入社会公众的政治生活，从而凸显汉服运动的政治性。汉服运动的口号之一是“华夏复兴”或“兴汉”，这和官方“中华民族的伟大复兴”“中国梦”等表述，虽有微妙不同，却也有颇多契合。参与国家政治生活的典型例子，如“私塾先生”上书苏州市领导，建议申报汉服为世界非物质文化遗产，呼吁苏州市政府举办活动时把汉服作为第一选择等（2006 年 4 月）；网友推动中央政府官方网站和新华网在介绍 56 个民族时将汉族的“兜肚”形象改换为汉服照（2006 年 7 月）；在 2007 年 3 月的全国“两会”期间，推动政协委员提议将汉服确立为“国服”；推动人大代表提出将汉服作为“中国学位服”的建议；与此同时，发祥于天汉网的“中国式学位服”曾引起强烈反响，各大相关网站均有对汉服能否作为“国服”和“学位服”的讨论。2007 年 4 月，天涯社区、汉网等 20 多家知名网站联合发起倡议，主张 2008 年北京奥运会应采用深衣汉服为礼仪服饰，希望中国代表团能穿汉服参加北京奥运会的开幕式。2009 年 5 月 27 日，浙江理工大学学生自制“汉服学士服”，其“周制太学生”款式的汉服毕业照在网络媒体引起了广泛关注。和中国大多数自下而上的社会文化运动一样，汉服运动非常渴望得到国家的支持与承认。部分汉服社团开始致力于合法化登记，如 2007 年 5 月，“福建汉服天下”经福州市民政局核准登记，成为全国第一家合法的汉服社团组织。2007 年 9 月，中国传媒大学成立学生社团“子矜汉服社”，并在校内组织汉服文化讲座。此后，各高校汉服社团如雨后春笋般迅速发展。

第五，以网络上虚拟的汉服社区为基地，汉服运动动用了几乎所有的形式和手段，致力于宣传、展示和推广汉服。一是涌现出民间学人，主要就汉服和“兴汉”等主题从事讲学活动，或由汉服活动家积极发表各自的研究成果或主张。如 2005 年 4 月以来，郑州宋豫人主持的“汉家讲座”；2005 年 8 月，重庆大学学生张梦玥从事汉服概念的探讨，在网上发表《汉服略考》一文；董进（“撷芳主人”）于2007年11月在天涯论坛推出“Q版《大明衣冠》——漫画图解明代服饰”，后又正式出版《Q版大明衣冠图志》，影响很大。2008年1月，关注汉服运动的《汉服》一书正式出版；同年6月，《华夏衣冠》电子杂志创刊；此后，相继有《汉未央》电子杂志、《汉家》电子杂志、《汉服时代》电子杂志等陆续创刊。二是以条幅、传单等方式，组织户外汉服展示与宣传活动，如“苑夫人”在合肥明教寺门口打出“华夏汉族，汉服归来”横幅，表演“汉服秀”，向过往行人介绍汉服知识。三是走进电视节目，以直观演示方式宣传汉服，如2008年1月26日，珠江电视台“春晚”播出由广州汉民族传统文化研究会负责的“汉服汉礼”节目。其他穿着汉服参加涉及国学、传统文化及相关知识竞赛等电视节目更是不胜枚举。此外，还有汉服的网络贴文贴图、汉服运动歌曲、汉服舞台剧、汉服广播剧、汉服电视剧、汉服电影、网络汉服微电影、汉服同袍自制新春拜年视频、汉服YY频道、汉服动漫等。此种八仙过海、各显其能的局面固然反映出形势一片大好，但也出现了明显的文艺化及娱乐化的趋势。

第六，涌现出许多致力于汉服礼服制作和经营相关礼仪活动的商家或汉服实体店。其中较有影响的如北京“如梦霓裳”与“汉衣坊”、武汉“采薇作坊”、成都“重回汉唐”、杭州“寒音馆”、上海“汉未央”、广州“双玉瓯”和“明华堂”、西安“黼秀长安”等。广州“明华堂”提出并致力于实践的汉服礼服构想，走高端汉服市场。他们制作的新款袄、马面裙、披风套装等，做工精良，虽价格不菲，却依然很受欢迎。目前，通过网店定制汉服或团购汉服，是初入门的汉服爱好者获得汉服的主要途径，尤其是团购方式，可满足大规模、集体性汉服活动之所需。

第七，海外华侨华人的呼应也非常重要。海外汉服活动的大环境一般更为宽松。虽然西方世界对“中式服装”的认知，主要是旗袍、唐装或中山装，但汉服也很容易被理解为是一种中国符号。汉服的穿着实践固然也会使人感到好奇，但却很少有质疑、冷眼、侧目等不良反应，这和国内汉服实践者的早期遭遇相比，情形大不相同。事实上，较早以“汉服”来对应一些极端民族主义网络言论的恰恰是几位海外华裔青年。他们难以接受因新唐装问世而有某些网友贬低或嘲笑汉族没有民族服装的网络匿名言论。伴随着汉服运动的深入，马来西亚、新加坡、英国、美国、法国、澳大利亚、加拿大等许多国家的华人、华侨和留学生，纷纷成立汉服社团，以穿着汉服上街、举办汉服秀等各种展示及宣传活动，与国内汉服运动遥相呼应。其中较有影响的，如马来西亚华人举办的“华夏文化生活营”，从2008年至2013年，已连续举办六届。活动内容主要有穿汉服、学习华夏礼仪等；2008年，杨娜等人在英国成立汉服社团“英伦汉风”，并于2009年3月7日，组织留学生和华人举行穿着汉服巡游伦敦的活动；同年5月30日，“英伦汉风”又在泰晤士河畔举行端午凭吊屈原仪式。多伦多汉服复兴会通过中国驻加拿大使馆、国务院侨办、中国文化部转交给国家民委的信函，提出对民委官方网站有关内容的意见等。对于国家民族政策的制定者而言，由于汉服运动的发生多少有一些是针对族际关系之特定语境的“刺激反应”，因此，它意味着在某种程度上，汉族似乎已不再是那个永远沉默的“多数”了。

综上所述，汉服运动在具体实践中有很多变通和妥协，大部分活动都有文化建构的属性。不仅汉服，包括所谓“汉舞”“汉餐”[1]“汉礼”，以及旨在为汉服出场提供机会的各种仪式、典礼的场景设置，无一例外均是经过人为建构的过程。汉服运动固然有对古代服装形制的执着追求，甚至有如“中国装束复原小组”致力于汉、唐、东晋、宋、明等历代汉人服装的“复原”，或有对某些款式形制格外青睐的倾向，但汉服依然是在21世纪初，由当代中国城市的一些知识精英，

[1] 2011年8月23日，笔者在郑州对民间学者宋豫人进行了长时间访谈，话题涉及汉服、汉礼、汉餐、兴汉、文化的“辛亥革命”等。

基于其文化信仰和历史观念，在征引和参考古籍文献、考古及出土文物资料、历史图像资料，以及一些传统戏曲服装和现代影视作品相关资料的基础之上予以“发明”的。由于这样的“发明”“再发现”或人为建构依托于如此丰厚和复杂的中国服饰文化史，也由于汉服运动的草根性使它从一开始就缺乏“权威”指导，所以新“发明”的汉服自然就有了非常多的款式和形态。与此同时，其在同袍们的穿着实践中也自然会发生“改良”，将汉服穿进日常生活的努力和“汉元素时装”概念的出现，均意味着汉服今后仍将不断演变。汉服运动所依托的各种仪式或典礼，确实存在“复古”的倾向，但在网络汉服社区里设计各种方案（如天汉网和汉服吧曾联合推出“民族传统礼仪节日复兴计划”），对古代相关记载予以变通解读，结合当代中国社会的审美意识及生活方式，最终推出的仪式或典礼显然也是当代同袍们的“发明”。如果亲临汉服户外活动的现场去观察，就不难发现，仪式或典礼往往是在相关人士持续不断的“商量”中进行的。可以说，每一个仪式或典礼的细节都是“试行”摸索的过程。

汉服运动的成就与“瓶颈”

起源于2003年的汉服运动，只经过短短10年时间，便取得了很多重大收获。2004年11月12日，方哲萱（“天涯在小楼”）曾孤身一人穿汉服参加由天津市政府在文庙举办的官方祭孔活动（当时的祭服、礼服均为“清装”），凸显了孔教礼制和汉服之间相背离的局面。她以“一个人的祭礼”所渲染的历史悲情曾感染了很多网友。但到2011年，据说曾有“短打”装扮的一名男子多次和天津祭孔活动主办方交涉，最终在“汉服祭孔”的呼声中，2012年9月28日，孔子诞辰2563周年纪念日，天津市第二届国学文化节开幕式暨祭孔典礼在文庙举行，仪

式首次采用“汉服祭孔”。❶ 2013年9月28日秋季祭孔大典，不再使用清代服饰，祭孔舞生均着新制汉服，主祭官、陪祭官、执事也身着汉服致祭。类似的例子还有很多。归纳起来，汉服运动已经取得的成就主要表现为以下方面。

第一，“汉服”一词的知名度空前提高，汉服作为现代中国社会文化动态中的关键词之一，被各类媒体提及的频次呈现出持续增加的趋势。中学生对人民教育出版社出版的七年级《中国历史》（上册，2006年6月第2版）教科书上屈原“左衽”形象的纠错❷，便是汉服知识有所普及的一个象征性的小事件。同袍们热切期待的中国社会大众对汉服的认知，虽然还远不尽如人意，但也有了实质性的进展。这与全国各大中城市汉服社团频繁举行各种汉服活动的实践性努力，以及网络、电视和报纸等多种媒体的持续关注都是密不可分的。

第二，汉服运动的规模不断扩大，在全国呈现出由“点”到“面”的发展，由大城市向中小城市不断扩散、蔓延。截至2013年8月，百度汉服吧的会员人数超过20万人；于2011年8月正式上线的“汉服地图”收录约300家汉服社团、汉服商家及汉服QQ群，这个数字目前仍呈现较快增长的态势。

汉服运动扩大化的表现，包括汉服社团或准社团在越来越多的城市成立。有的社团规模一直在不断扩大，如“福建汉服天下”，截至2013年年初，该社团约有会员500人。虽然某些城市的汉服社团由于理念分歧和人事等原因，常出现内部分裂，但就总体而言，运动的参与者与社团数量一直在增长。不少汉服社团已经完成合法的登记手续，如洛阳传统文化研究会、温州市汉服协会、宁波市汉文化传播协会（宁波汉服）、成都市传统文化保护协会汉文化研究专业委员会等。另外，汉服社团在全国高校中也有迅速蔓延的趋势，甚至波及一些中学。北京大

---

❶ 晁丹．天津文庙举行祭孔活动首次采用“汉服祭孔”[EB/OL]. [2012-09-29]. http：//www.enorth.com.cn.

❷ 黄洁莹．初一教科书屈原插图衣襟穿反官方承认出版失误[N]. 长江日报，2012-10-20.

学、清华大学、中国人民大学、北京师范大学、国际关系学院、同济大学、中山大学、陕西师范大学、中国农业大学、中国政法大学、中央民族大学、北京语言大学、中国传媒大学等。据不完全统计，全国有100多所高等院校相继成立了以“汉服社”“汉服文化协会”等为名目的汉服社团。在西安，几乎所有高校均成立了汉服社团，协调各高校汉服活动的“西安高校汉服联盟”也应运而生。值得指出的是，在西部多民族地区，如新疆、云南、贵州、宁夏等地，高校汉服运动也有一定进展。和东南沿海一些城市里汉服活动的参加者经常“想象”多民族场景中的汉服有所不同，西部多民族地区的汉服活动有可能面临现实的多民族场景，如何在各民族文化多元平等和相互尊重的前提下，组织和展开汉服活动，以免引起负面情绪的连锁性“刺激反应”，是今后应持续注意的问题。

汉服运动扩大化还表现在各地举办的户外汉服雅集活动，包括穿汉服过传统节日、穿汉服祭祀先贤等，不仅频次不断增加，规模也在逐年扩大，而且有些汉服活动还实现了惯例化、恒常化。例如，从2013年起，江阴汉服协会组织的公祭“江阴三公”活动，定于每年农历8月21日和清明节举行；2012年端午节期间，深圳的锦绣中华汉服活动虽严格限制人数，但报名参加者依然超过了200多人；2013年“广州汉服”举办的南海神庙“波罗诞”汉服展演，据说前来观礼者累计达数万人次；近几年成都的端午汉服活动，参加人数也是每年都在增加。

第三，原本旨在为汉服提供登场或露面机会的各种新近“发明”的传统仪式或文艺形式，逐渐程度不等地进入官方或半官方的“仪式政治”及文化艺术体制之内。例如，有些地方的汉服社群同袍，积极参与各级政府文化部门主导的非物质文化遗产展示活动，不仅以汉服、礼仪及汉舞等展示为整个活动增添光彩，也为汉服附加了些许文化遗产的意味。汉服运动虽然具有草根性，但其政治性导向使其很在意有关部门的态度。如武汉市把每年的5月16日确定为“武汉市18岁

成人节”，新成人在穿着汉服举行仪式时，先由市领导为他们“加衣冠”，然后是“成人宣誓”“敬师长”“敬父母”等仪式环节。此种集体汉服成人仪式和另一类穿西服在国旗前宣誓的成人仪式形成鲜明对照。还有如南京师范大学研究生毕业典礼，学校采用汉服为礼服等，这些进展都已引起同袍们的欢呼。

第四，汉服运动的公共关系策略日趋成熟，不仅操作和运营方式形成稳定模式，其组织机制也渐趋完善。凡能操作较大规模活动的汉服社团，往往设有“外联部”或“宣传组”等，处理外联、公关和媒体等相关事务。常用的公关策略除前述的借助社会公共事件，积极发出汉服运动的声音之外，近年来还特别注意利用社会名流的影响力。例如，端午节时穿汉服扮成屈原和嫦娥，给航天英雄刘洋的父母送粽子和鲜花，建议莫言穿汉服出席诺贝尔文学奖颁奖仪式，借助媒体人士为汉服“背书”等。汉服运动积极利用大众媒体尤其是互联网的努力更是自不待言，从 2011 年起，新浪微博和腾讯微信也都涌现出一批致力于汉服宣传的团队，还有“汉服地图”的出现等，这些都是汉服运动与时俱进的新尝试。

第五，汉服的商业化和产业化也有进展。汉服户外活动的拓展，同袍和汉服爱好者队伍的扩大，都为汉服商家和实体店的发展提供了机遇。目前，约有 70% 的汉服爱好者通过“淘宝网”的“汉服网店”购买到了自己的第一件汉服。网店和团购经营高端汉服、“汉元素时装”等，都促使汉服制作逐渐专业化，并由此带动周边一些配套行业的适度发展，如带动面料、刺绣、印染、配饰、化妆等市场的成长。部分汉服商家（或有自称“汉商”者）同时经营汉服婚礼、汉服成人礼等礼仪策划及咨询服务。从 2011 年起，西安“女友网”就在古城墙举办汉服集体婚礼，常邀请百对新人参加，是商业运作汉服婚礼的成功范例。不过，汉服的品牌化尚未成形，曾经的“工业化”大批量生产汉服的冒进计划多已遭受挫折。

尽管汉服活动频繁并令人眼花缭乱，全社会对汉服的认知度明显提高，甚至

也出现了极少数在日常生活中坚持穿着汉服的实践者，他们把汉服当作平日的便服来穿用，并视其为生活服饰不可或缺的一部分；但他们依然经常面临着一些人的侧目白眼。这是因为日常生活中出现了“非日常”装束，因此很容易被一些人视为奇装异服。[1]所以，坚持日常穿汉服确实需要勇气。若是深入中国社会的任何基层社区，则均不见汉服踪影。换言之，汉服活动截至目前主要是停留在社会表层。广州“寒音馆”馆主惨淡经营的案例，说明在看似热闹的汉服运动中汉服个体商家的孤独、困扰及市场前景的不确定性。2011 年 8 月 7—11 日，笔者在天津市蓟县西井峪村观察和调查了普通村民的服饰生活。调查显示：“小康”反映在人们的服饰上，和过去相比，人们可以穿上完全没有补丁衣服，手工缝制全部被直接购买成衣替代；对服饰的追求，村民们是以城市或电视里“洋气”的市民为榜样，唯因还不大会“搭配”，穿着才显得有点“土”。村民中年纪大的人追求随意、舒适，年轻人追求时尚。还有一些传统服饰，主要是大襟袄、缅裆裤、对襟汗衫、中山装等，但他们大都不穿出来。晚辈孝敬老人时，会给父母买一件类似唐装的衣服，认为显得富贵些才好。村民对汉服没有任何印象，一定要问，回答就是古装戏里的服饰。由此可知，汉服距离进入基层百姓的日常服饰生活，尚遥遥无期。2006 年 4 月，《新文化报》和搜狐网、汉网联合进行了一次网络问卷调查，约请 1200 位网民参与。得出的结果是，约八成以上的网民认为应在一定领域内复兴汉服，七成以上的网民则认为应以汉服为样本改良现代学位服。这对“汉服圈”鼓舞很大，却容易误导圈内人士对汉服运动目标的艰巨性过于乐观。就在汉服运动如火如荼地在全国开展之际，不少运动的精英骨干却深感“瓶颈”期的困扰。借助过传统节日让汉服出场等方式，无论形式或内容，均逐渐趋于重复和雷同。习惯于因为新创意而被媒体聚光，或因特立独行感到刺激的部分汉服运动的“老人”，已开始对那些“老掉牙”的程式化感到厌倦或疲惫。同时，媒

[1] 戴璐，张姮．高三女生穿汉服上学，学校派老师送其回家更衣 [N]. 钱江日报，2012-03-20.

体也逐渐熟悉了汉服活动的口号、理念和行为模式，开始出现“视觉疲劳”，对反复再现的汉服迅速失去新鲜感。记者们看惯了的汉服活动对公众的视觉冲击力正在递减。

汉服运动内部的理论分歧依旧，很难达成新的共识。在实践层面，当前面临的问题主要有文艺化、“穿越”、优越感和场景转换。

第一，来看汉服的文艺化问题。舞台剧、电视剧、广播剧或同袍们的汉舞及其他才艺表演，的确给汉服提供了很多机会，但此种文艺化、游艺化甚至娱乐化的趋向客观上却有将汉服置于舞台化、戏服化、道具化的危险境地。汉服如果作为表演服饰被过度阐释或运用，特别是穿汉服演出各种剧目，就有可能使参加者和旁观者均误认为是在进行“角色扮演”（Cosplay）游戏。假如汉服只是在服饰展演市场或古装市场上增添了更多品种，甚至建立了更正统的地位，那么汉服运动的初衷就将被抛至九霄云外。应对过度文艺化问题，目前尚看不到对策。与此同时，各种祭祀仪式的反复、频繁乃至泛滥化，近年甚至出现了祭拜上古的比干、西汉薄太后或近代张之洞等人的情形，这些都将消解仪式的神圣性。有关部门受无神论意识形态影响，对仪式祭典常采取虚无主义，倾向于不作为。民间祭祀又容易出现混乱或泛滥化倾向。此种情形若得不到改善，通过仪式祭典塑造汉服的庄重感，或通过汉服重构国民仪式生活的意义，均将难以实现。汉服在和古代仪式典礼结合的过程中，自然会显现出原本可能附丽于其上的古代身份等级制等和现代社会格格不入的要素，同袍们津津乐道的以服饰为载体的古代礼仪，其实在很多地方并非如网友想得那么浪漫。笔者数次在汉服社群活动现场参与观察时，发现社群领袖人物穿的汉服更接近古代贵族乃至“皇帝”的装扮；一般成员的汉服则像是读书人或一般庶民，甚至跑腿的（短打）或丫鬟，像是一种角色扮演的场景。目前，除了汉服婚礼较易令人接受之外，如何扬弃汉服伴随着“复古”礼仪而来的等级制、身份制色彩等问题，将是今后研究的课题之一。

第二，汉服的“穿越”问题。由于汉服定义包含了上下数千年的服饰史，不同朝代的汉服同时登场于当代汉服活动的各种场景，也就毫不奇怪。这至少说明汉服运动内部对款式形制问题尚未达成共识，说明汉民族传统服饰的文化资源极其丰富，也说明汉服运动对内部的多样性秉持包容性原则。不同朝代的汉服同时登场，自然形成“穿越”时空的文化展示。汉服的“穿越”性展示，更加衬托出它的非日常属性。如果再把各种仪式和典礼的时代性也考虑进来，难免就会有现代人穿着汉朝的汉服去祭祀宋朝或明朝的英雄的情形，被批评为“关公战秦琼”的滑稽，也在情理之中。在今后很长时期内，“穿越”问题都将难以解决。

第三，汉服运动的理论精英和积极实践者经常表现出文化上的优越感。在汉服论说中，汉服是最美、最优越的服饰体系，这不难理解。因为汉服运动本身就是一种文化民族主义运动，此种“各美其美”的表述只要不过分，可将其理解为对本民族服饰文化的热爱。但在涉及族际场合的比较时，就应对过度的文化优越感保持警惕，以免滑向汉文化中心主义。汉服运动精英的优越感，还表现为时不时以文化的“发现者”“发明者”或“先知”“先觉”自居，故有自命不凡、以“启蒙”无知民众为使命的心态。这是一种世人昏昏、唯我独醒的优越感。汉服网友或同袍中很多人拥有较高学历，多才多艺，往往以文人雅士（或儒士）自居，对中国文化受西方文化冲击有更强烈的危机感。甚至有一部分汉服户外活动，几乎成了现代式的“文人雅集”，部分看起来像是同袍发明的活动方式，其实是对明代文人雅集的模仿。[1]正如拥有制作汉服的技能，就可成为个人在汉服社团中赢得尊重的资本一样，丰富的有关汉服的历史知识及对汉服款式形制的熟知，也和其他所有书本知识一样可被用来建构优越感，甚至是文化的特权，尤其是阐释权。汉服活动中的才艺表演、游艺，往往是要体现参加者雅化的生活情趣，并由此证明自己“脱俗”。和古代文人雅集时书斋居室之铺陈设计，常被用来体现主人的

[1] 安艺舟．明代中晚期文人雅集研究 [D]. 北京：中央民族大学，2012.

身份、品位和理想一样，汉服也是这样的一种“文化物品”。“文化物品的正确使用可以反映一个人的身份地位。相反，使用方法错误则会取消这种地位。”[1]也就是说，对汉服款式形制和古礼的执着追求，以及对相关知识的高度关注，在某种意义上构成了同袍们的文化资本，并成为表现其非世俗雅致生活的手段。如果汉服运动的目标是要在普通百姓中复活并普及汉服，那么其自认为高于普通百姓的文化优越感反倒有可能成为其目标的阻碍。

第四，汉服运动的场景转换问题。众所周知，“民族服装”大都只有在族际场景的具体情形下，才能凸显出其族别的文化特性。所谓场景转换，主要是指汉服在国内多民族场景和在国际场景的转换。对于中国这样一个多民族国家而言，汉服的理论和实践首先应以国内多民族的族际关系场景为前提，因此，汉服运动对国内多民族之间的关系总会产生不同程度的影响。但在有关汉服的讨论中，除了涉及汉族、少数民族、中华民族这些范畴之外，还会涉及汉文化、中国文化或中华文化，以及与西方文化、日本文化、韩国文化的关系。换言之，在国际化、全球化或东亚等跨越国境之对外的场景下，在国际文化交流的文脉中，汉服作为“中式服装”的属性就会凸显出来。由于语境不同，表述自然也有所不同。与此相应，汉服的属性和意义也就有新的拓展。对内将汉服和各少数民族服饰相并列的逻辑，如果转换一个场景，不难想象的问题之一便是如何看待唐装、新唐装和旗袍。这些在内部语境中被排斥为“满装”的服装品类，在外部认知中却常常作为“中式服装”而被定义，且比汉服有更高的认知度。目前，在汉服运动的网络言说及户外实践中，大都谢绝旗袍、马褂、唐装或新唐装（由于和同袍心目中的“唐服”不同，故有人称其为“伪唐装”）及 Cosplay 一类服装的人参与，这主要与汉服运动的纯洁性理念或正统性心态有关。汉服运动的户外实践至少有一些（想象的）场景是针对西方文化的，汉服因此也可被视为中国或中华文化的认同符号。

[1] 卜正民．纵乐的困惑：明代的商业和文化 [M]. 方骏等，译．上海：上海三联书店，2004.

如2006年冬至为12月22日，深圳20多名汉服网友特意要在12月24日即所谓“平安夜”，穿汉服“补过冬至，挑战圣诞”。如此穿汉服过传统节日，跟“洋节”PK，其中蕴涵的中国文化认同的寓意不言而喻。近期，有以民族传统节日抵制西方节日渗透的动向，较典型的例子如以中国的七夕对应2月14日西方传统的情人节，把七夕定义为“中国的情人节”。这在部分汉服活动中已经有所体现，但对于更为保守的汉服社团，如上海“汉未央”而言，七夕的根本意义则完全不同。他们举办的七夕汉服活动是要凸显七夕的“原生态”意义，认为其中内含有汉文化的正统性。

结语：汉服运动对“中式服装”可能的贡献

汉服运动的导向之一是拒绝承认唐装、旗袍、中山装等作为“中式服装”的代表资格。在国际化场景下，汉服自身也会自然而然地具备其在汉民族服装之外的另一个可能性，即作为“中式服装”的可能性。那么，它和唐装、旗袍及中山装的关系能够不再是排他性的“零和”关系，而有可能成为“共和”关系吗？在国内，在旗袍、唐装仍被大部分公众视为“中式服装”的现实状况面前，汉服和旗袍、新唐装济济一堂并非绝无可能。例如，在南京大学国学中心的拜师礼上，学生穿着汉服，老师却穿着对襟唐装，似乎也很和谐。当汉服运动强大到不必在意旗袍和唐装的“起源”时，说不定就会放弃排他性的服装文化之纯粹性的理念。鉴于中国多民族构成的复杂性和中国文化的丰富性，更加开放和更富于包容性的“中式服装”的范畴理念不仅是可能的，也是非常必要的。就此而论，笔者认为，汉服运动的最大贡献可能就在于它极大地拓展了“中式服装”进一步扩容发展的可能性，为“中式服装”提供了更加丰富的建构资源。如在这一文脉下讨论“国服”及相关的国民认同（并非只是民族认同）的话题，才能有建设性。2006年3

月，东华大学举办全国首次服装院校“我心中的国服”方案设计邀请赛。据说，令专家们始料未及的是，大学生服装设计师眼中的“国服”非常时尚，与他们想象中的旗袍、中山装等大相径庭。[1]由此可知，中国社会公众及文化知识界关于“国服”（或中国人的“民族服装”）问题，距离达成共识还非常遥远。眼下只能说汉服运动为“中式服装”的多样性提供了新的可能性。由于汉服并非当代中国汉族人日常生活中现实存在的一种或一套服饰，它主要是基于遥远历史记忆的当代建构，因此由汉服来谈论“国服”，自然就会使问题进一步复杂化。在逻辑上，多民族中国的“国服”不大可能、不需要、也不应该只确定为有限的一种或一套，最具建设性的思路或许是在已有的“中式服装”范畴中，扩充其内涵，扩张其外延。在将旗袍、唐装、新唐装、中山装、五四衫、少数民族服装等在内的基础上，再加上汉服或汉服家族。

伴随着汉服运动的深入，确实有一些问题逐渐引起了中国社会公众和大众媒体的关注，如成人礼仪的建构问题，日常生活中的意义缺失问题，如何理解传统文化在当代社会之存续的问题等，这些都是汉服运动为当代中国提出的。不难预料，汉服运动在不久的将来仍会持续发展，它仍将继续处于奇特的处境：近似于“主流”的话语和亚文化的实际地位，至于其更远的前景目前则尚不很明朗。汉服运动若要能够持续和健康发展，就必须正视自身在理论和实践等方面的困惑。例如，究竟是走“精英主义”的路线，还是走“大众庶民主义”的路线？汉服到底是礼服、祭服，还是人们日常生活中的常服？如何面对汉服时尚化的趋势和汉服运动对纯粹性的追求及其本质主义定位之间存在的天然冲突，以及汉服至上主义理念和符号化、道具化现实之间的悖论等。假如笔者也有资格给汉服运动提一个建议的话，我想说，比起汉服的象征性意义而言，是时候重新审视汉服在现当代国人日常生活中的一般功能性问题了。汉服运动的理论家和实践者们应该深入、认真地研究

[1] 韩晓蓉．大学生比拼国服设计：无一是旗袍中山装 [N]. 东方早报，2006-03-24.

在中国城乡大众之间约定俗成的“服饰民俗”。如果汉服只是国学复兴、华夏复兴的符号，那它也就完全可以被其他符号所替代（符号学的原理如此）。汉服不能只是承载象征意义的物体，它本身必须是对一般民众现实人生中的服饰生活有意义，它归根到底是一种或一类服装，而不是抽象和空洞的符号。比起对汉服各种伟大象征性的繁复阐释，同袍们持续、坚韧的穿着实践，以及动员更多民众也尝试去穿着实践，才是汉服运动今后真正的前景之所在。当然，也有一些同袍只是把汉服视为21世纪中国汉文化之“文艺复兴”的符号或载体，期待通过汉服运动去导引或促进现当代中国社会在迅猛的现代化进程中，能够时不时地对自身的文化、信仰和认同反躬自问，使我们不断能够有重新认识自己文化传统的机会。在这个意义上，汉服运动是可以获得一定程度的成功的，只要它不再执着于服装至上主义。

网络空间下的“汉服运动”：族裔认同及其限度❶

文 / 王　军❷

不论是在全球化加速发展的当代世界，还是处于社会转型期的当今中国，认同问题都日益凸显。在互联网迅速普及后，认同问题，特别是民族文化的认同问题也在网络空间下彰显出来。具体来说，它主要包括以下两种类型：一是全球化背景下一些中国网民从中华民族层面展示文化自觉；二是不同民族中的民族成员在互联网上展示其民族认同和文化自觉意识。前者主要针对文化全球化（特别是文化美国化）与国外文化的强烈渗透，后者则表现了国内不同民族对文化多样性的追求，或对民族传统文化的维护和国内民族文化之间的张力。就维护民族传统文化这一层面而言，给人印象最深的是可以被视为社会运动的“汉服运动”，它

❶　王军．网络空间下的“汉服运动”：族裔认同及其限度 [J]. 国际社会科学杂志，2010(1).

❷　王军，中央民族大学中国民族政府研究院副院长、副教授、博士生导师。

既与文化全球化有关，又与国内民族关系有关，本文将就此展开论述。

“汉服运动”与“汉服”：概念界定

“汉服运动”指的是以中国民间的部分汉族青年为主体,以互联网为主要载体，在网络内外恢复“汉族传统服装”的运动。“汉服运动”既是新千年来临后出现在中国的大众文化民族主义运动，也是借助于互联网络技术，在网络内外所逐渐形成的一种基于“族群”认同的文化思潮。该运动以汉族为主体，从汉族服饰切入汉民族的文化认同，因此，它主要是族裔性的文化民族主义现象，而不是国族意义上的文化民族主义现象。

粗略查阅几种中文字典，并没有发现“汉服”这一词条。“汉服”一词在汉朝就被明确地提出，“汉服”最初是其他民族对汉人传统服饰的称呼，进而成为汉人自我认同的文化符号。宋、元、明时期，一些异族统治者明确地用“汉服”来指称汉人服饰，如“辽国自太宗入晋之后，皇帝与南班汉官用汉服；太后与北班契丹臣僚用国服，其汉服即五代晋之遗制也”。元代修《辽史》时，甚至专门为“汉服”开辟了一个“汉服条”。清兵入关的第一件事就是“剃发易服”,“汉服”从此退出历史舞台。

根据网民的界定，“汉服”即汉族的传统民族服饰，又称为“汉装”“华服”，主要是指 17 世纪中叶（明末清初）以前，汉族（及汉族的先民）以民族文化为基础，形成的具有民族特点的服装服饰体系，即明末清初以前汉族（及汉族的先民）所着的、具有浓郁汉族民族风格的一系列民族服饰的总体集合。比如大襟、交领（即领子外形看起来如字母“Y”）、右衽、束带（不用纽扣）。从学界和网民的界定可以知悉，当下中国青年提倡“汉服”，其实是历史的再发现与历史接续。在某种程度上，它也是一种社会建构。因为当下的“汉服运动”并不是复

原历史，而是在全球化和中国快速发展语境下的族裔文化认同回归的表现，是在现代背景下的传统转型与传统再造的尝试。

然而，学界不少人士（特别是服装专业）试图从国族的角度冲淡“汉服”的族裔特征。例如，北京服装学院马久成博士认为，“汉服”的概念并不是指汉代或唐代的服装，而是指中华民族几千年来总体的服装。中华民族本身的文化就是一个融合过程，现代人穿的所谓民族服装严格意义上是明清两代的。有学者为了避免“汉服运动”可能出现狭隘性和排外性，提出用“国服”的概念来替代“汉服”。东华大学服装学院包铭新教授认为，由于“对汉服的界定不清楚，而中华民族是多元一体的民族，要强调中国人的身份表达，用‘国服’这个概念更准确，因为已为学界所认同”；“国服指约定俗成或国家规定的具有中国特色、礼仪象征和标志作用的服饰。在物质文明丰富的今天，对于国服以及服制建设的强调和讨论，可以进一步增强凝聚力，增强国人的文化归属感和认同感。如此一来，旗袍、唐装、汉服都可以成为未来‘国服’的可能选项”。此外，还有学者提出以“华服”来代替汉服。北京服装学院的袁仄认为：“如果用‘汉服’这个词，我宁肯将之称作为‘华服’，‘中华’的‘华’。‘汉服’的称谓可用，但是不够严谨。从广义的服饰文化而言，汉族人历史上所穿戴的传统服饰，都应该归入此类，而不仅仅是汉族政权主政时期。中华民族的历史是多民族共同完成的，不能简单地把汉族孤立起来看，‘华服’也许是对以汉民族为主体的华夏民族传统服饰发展历程的接纳与尊重。”[1] 显然，这样的认识并不是多数民间“汉服运动”者的初衷。

“汉服运动”的缘起和表现：主体民族的文化认同热

大约在2003年，“汉服运动”悄然兴起。回顾它的兴起，难以找到确定的事

[1] 罗雪挥．“华服”之变 [J]. 中国新闻周刊，2005(243).

件作为起点，也难以通过标志性的事件来呈现它的阶段性变化。“汉服运动”是由点点滴滴的“杂事”积累而成的，因此这一运动显得波澜不惊。也许，这一并不张扬的文化民族主义思潮和运动，更能反映当下中国深层次的社会意识和社会实践，更值得我们进一步关注和分析。恰如法国年鉴学派代表人布罗代尔所言，“日常生活无非是些琐事，在时空范围内微不足道。你越缩小观察范围，就越有机会置身物质生活的环境之中。大的观察范围通常与重大史实相适应，例如，远程贸易、民族经济或城市经济网络。当你缩短观察的时间跨度，你看到的就只是个别事件或者种种杂事；历史事件是一次性的，或自以为是独一无二的；杂事则反复发生，经历多次反复而取得一般性，甚至变成结构。它侵入社会的每个层次，在世代相传的生存方式和行为方式上刻下印记”。[1]

在中文最大搜索引擎“百度”中进行检索，输入“汉服运动”可找到相关网页约 21 万篇。输入“汉服”可找到相关网页约 291 万篇（查询时间为 2010 年 4 月 10 日）。可以说，“汉服”“汉服运动”在网络中已经是常用概念，甚至是一个热门话题。

“汉服运动”的兴起直接得益于互联网，它也是近年来中国网络中颇为火热的文化思潮。在这一运动引领下，众多专门性网站逐渐建立起来，最为知名的是“汉网”。2006 年，该网站的注册会员已达 5 万余人，其主页上的自我定位是“汉民族门户网站、汉本位精神家园、汉文化与复兴平台、汉服运动发祥地”。其他代表性网站有：天汉民族文化网、昊汉网、福建汉服天下、艺秀汉服、华服网、爱汉服网。其他与“汉服运动”相关的网站还有汉未央汉服网、中华汉网等。

“汉服运动”虽然不乏“网络口水之争”，但它的活动空间和影响早已超越了互联网，网外的相关行动不断涌现，网络内外的活动相互影响。因此，有关“汉

[1] 费尔南·布罗代尔．15 至 18 世纪的物质文明、经济和资本主义 [M]. 顾良，施康强，译．北京：生活·读书·新知三联书店，1993.

服复兴”与“汉服运动”的报道时常见诸报端。例如，北京大学历史系有学生建议，把汉服当作系服；十多名青年身穿汉代风格的黑色祭服，在杭州西湖岳飞墓、于谦墓前举行祭拜仪式；中国人民大学和北京大学的学子先后穿着汉服举行成人仪式和游览颐和园；广州美女勇敢地穿着汉服畅游白云山等。汉网网友已经在北京、上海、深圳、长沙、成都等地组织各种祭祀、知识竞赛、演示等活动来推介宣传“汉服”。最近，影响很大且创意独特的莫过于一套“中国式学位服”设计方案在天汉网等论坛流传。网友“溪山琴况”向教育部等教育界人士发出倡议，公布中国式学位服服饰倡议、设计和学位授予礼仪方案，以求得到重视。天汉民族文化网、百度汉服吧最近还推出《2008年北京奥运会华服倡议及设计方案》。这说明“汉服运动”已从虚拟的网络讨论逐渐进入网外生活，从网络讨论进入政策建言和社会实践。

从上述描述可知，“汉服运动”仍处于发轫阶段。其活动主要分为网络和网外两个部分。一是建立相关网站，通过网络平台来推动“汉服复兴”。根据对其网页内容的浏览，其核心内容是明确网站的宗旨、通过网络论坛讨论“汉服运动”提供相关汉服的知识和资料、设计汉服、提供网外交流信息、汉服订购等；二是在网外主要通过穿汉服进行祭祀、祭拜、游园、举行成人礼仪。在现实生活中，汉服还远远没有成为普通百姓的服装，身着汉服或者说“汉服意识”还只是在青年人群中传播开来，且主要表现在知识素养比较好的青年群体中。

官方、媒体与学界的反应：审慎关注

对于汉服运动的悄然兴起，官方、媒体和学术界都有所关注，各方的态度差异很大。

迄今为止，官方对汉服运动持审慎观望、不参与和不干预的态度。2006年5

月 25 日上午，时任文化部部长孙家正在介绍中国文化遗产保护状况及第一个“文化遗产日”相关活动并答记者问时，新加坡《联合早报》记者问道：“最近我们注意到民间有一些年轻人在提倡穿传统汉服的运动，不知道孙部长对此有何看法？传统汉服有没有可能最终成为保护的文物呢？”孙家正回答道：“我也看到过这个消息。有些地方有些青年人提倡穿汉服，但是我到现在都搞不清楚什么服装是能够真正成为代表中国的服装，这恐怕是我们面临的一个最大的困惑。总体上我的观点是，吃饭也好、饮食也好、穿戴也好，各有所爱，百花齐放，都是个人的事情。但是我也衷心地希望，我们能够创造出受到大家欢迎的具有我们民族特色的服装。”❶

在孙部长的回答中，有两个层面值得注意。其一，它实质上蕴涵了一个需要解决的难题，即什么服装能够成为真正代表中国的服装。在此，不能回避的问题是，如果国服是必要的话，那么国服与各民族的特色服装之间是什么样的关系？对于上述问题，不仅民间力量未能达成一致，官方也没有将其作为提上议事日程的问题。其二，将青年穿汉服视为个人的事情，属于私人领域，公共权力部门不会干预。然而，汉服运动毕竟涉及民族这一集体，涉及民族认同和国家认同，因此，官方必然会持续关注其发展态势，并可能采取教育、宣传等途径引导国民增强国族认同。在认识到并尊重“汉服运动”具有族裔认同特征的同时，尽量弱化或减少该运动可能出现的排他性与极端性。

对国内外媒体而言，“汉服运动”是一个“新闻增长点”，从中央到地方的网络和传统媒体都对汉服运动有不少报道。从目前纸质媒体的报道来看，侧重现象描述的文章居多，侧重价值判断的文章较少。在天汉网上有专门的记者采访的栏目，这说明汉服运动推进者十分注重与媒体的交流，期待通过传统媒体发出自己

❶ 孙家正谈汉服运动：我不清楚什么能代表中国服装 [EB/OL]. [2006-05-25]. http：//www.cctv.com/news/society/20060525/101162.shtml.

的声音，进一步扩大社会影响。

学界也非常关注汉服运动的兴起与发展，从媒体的相关报道和一些论述汉服、国服的文章可以看到，服装专业、历史学、国际政治学和社会学等领域的研究者正对该现象进行初步研究。史学界的张梦玥特意从文献的角度考察了“汉服”的内涵及其流变，国际政治学和社会学界的学者则多从国家认同和民族认同的角度来思考汉服运动。部分学者十分理性地力图从国族的角度来冲淡汉服运动的族裔内涵。

除了从学理层面对汉服运动展开研究和初步探索外，部分学者也参与或支持汉服运动，并引起了社会的广泛关注。2007 年 4 月，有媒体报道，20 余家知名网站联合发布倡议书，建议北京 2008 年奥运会采用“深衣”作为礼仪服饰。签署倡议书的既有大学的教授、博士，也有民间机构的文化界人士，活动发起者称该设计方案已提交奥组委。其中，就奥运会中国参赛者的服装设计而言，该倡议书包括了两部分内容。一是将“深衣”作为华夏民族礼服，倡议书阐释了这样做的理由，即华夏民族的礼服至少应该具备以下四项条件：① 应该是与我们民族悠久的历史文化持久相伴的服饰，而不是某个时代所流行的服饰；② 应该是最能体现华夏文化内涵的服饰，而不是只求华美的时装；③ 应该是代表华夏民族整体形象的服饰，而不是某个群体形象的服饰；④ 应该是具有华夏民族独特风格的服饰，而不是各民族乃至世界各国服饰的拼凑组合。二是提倡汉族同胞与其他 55 个民族同时出场时，汉族同胞穿汉服。

汉服运动兴起审视：规范论、建构论与工具论

迄今为止，网络内外关于汉服运动的讨论主要涉及下列议题：汉服的界定问题；是否应该恢复汉服；如何恢复汉服；汉服运动是否会引发大汉族主义，并影

响汉族与中国其他民族的共处；汉服运动的影响与未来走向；如何认识和理解汉服运动。这里并不准备详细讨论上述争论的议题，而是希望通过规范论、工具论和建构论的视角来透视当下汉服运动的复兴。

民族主义理论中的工具论与规范论可以用来分析汉服运动的兴起和发展，下面以百度网站“汉服吧吧主”“子奚”和“溪山琴况”回答网友的文本（《推广汉服的初衷是什么》）为对象展开讨论。

“从黄帝垂衣裳而天下治开始，华夏民族（汉代以后称汉民族）的服饰开始形成围合交领、人衣一体的独特风貌，而周代以礼乐文明为核心的周礼在绵延3000年的传承中，更是深刻地影响了整个中国的审美观念、哲学思想和文化气质。‘有礼仪之大故称夏，有服章之美谓之华’。浸染着周礼文化的华夏民族服饰，在其漫长的发展历程中，与礼仪文化相融相生，成就了世界文化殿堂中伟大的一极——东方的礼乐文明。由于朝代的更迭、时间的推移，汉民族的服饰已经失落了360年。曾经的礼仪之邦、衣冠上国，在群体性丢失了自己民族服饰记忆的同时，也丢失了紧密附着在这身服饰上的文化生活方式，以至于不识角徵宫商，不再能歌善舞，丧失了对仪式的敬重，失却了对雅俗的权衡。今天的中国，人民生活水平迅速改善，但人们的精神生活质量却远远没有跟上经济发展的步伐，这与精神文化的贫乏不无关系。而更深层次的原因，是由于传统中华文化伦理、价值观和审美观虽然根系发达，但落叶凋零，有里无表。传统文化的长期缺位，使中国正面临着文化断代的危险，而一个文明一旦无法保留植根于群众中、身口相传的民族思维、生活方式，势必将丢失它的真正精髓而永久丧失恢复的机会。作为伟大祖国的儿女，我们有责任继承、发扬民族文化，让中华文明沧沧大河的河床永不干涸。汉民族作为占现代中国人口93%的主体民族，其民族符号长期模糊、民族意识淡薄的状态，将使得多数国人在爱国的同时，却寻找不到清晰的本民族的文化脉络，从而难以形成民族自豪感、责任感和凝聚力，难以打破今古

隔膜，有效吸纳本体文明的文化精髓。汉民族的民族服饰——汉服，以其深刻的文化内涵、悠远的传承性，毫无疑问应该成为汉民族的重要民族符号之一。而在这身民族衣冠的复兴过程中，我们将见证与之伴随的民族文化、民族精神的全面复兴。重建民族自尊、寻回民族自豪、复兴华夏文化、重塑中华文明，就是我们参与汉服运动的初衷。我们的期待也是所有汉服复兴者共同的梦想，我们的期待中有对民族、对国家、对祖先流传下来的伟大文明的真诚敬意和复兴的坚定决心。”❶

上述文本体现了汉服运动出现的文化根源之一。温和的说法是“国人物质生活改善而精神文化生活贫乏”，悲观的说法是对“文明死亡”的忧虑。换言之，从规范论的角度看，汉服运动的兴起体现了一部分知识修养较好的汉族青年群体正在反思“文化中国”的危机，其突出表现是当今社会出现的某些短视、浮躁、缺乏诚信和媚俗行为等现象。对于这一局面，他们认为深层原因是“传统中华文化伦理、价值观、审美观虽然根系发达，但落叶凋零，有里无表”。在他们看来，汉服运动是解决上述文化危机的一种思路。因此，汉服运动不仅体现了民族个体的族裔文化需求与族裔身份的再建构，也体现了从主体民族的文化资源来化解国家民族的文化危机之路。

如“汉服吧吧主”所言，汉服与礼乐文明一起影响了中国的审美、哲学思想和文化气质，因此它也是界定汉民族的重要因素和文化符号。但由于历史原因，这一服装符号系统被打断，从而不利于民族自豪感、责任感和凝聚力的形成与延续。这一阐释思路兼有规范论与社群主义特征。从规范论的角度说，服饰与礼仪都是界定一个民族的重要因素，它们不是民族存在的工具，而是民族存在的标志。从社群主义的角度说，从文化上看，每一个汉族人都出自一定的文化脉络（最为重要的是汉族与国家）。汉族与汉文化虽然有建构论的成分，但它们不是凭空想

❶ 网易专题 . 汉服复兴，有何不可 [EB/OL]. http ：//culture.163.com/special/00280030/fuxinghf.html.

象的创造物。汉族成员不仅参与了汉族族裔属性的建构，汉族族裔属性也构成了汉族成员的个体属性。换言之，从社群主义的角度看，汉族成员身份是群体赋予的而不是个体选择的，他们会逐渐认识到汉族赋予个体的意义。这种关系不是个体的自我意志和选择行动所拥有的（也即非自由主义的）。汉服运动的推动者认识到中国文化出现了断层，因此他们力图从汉服复兴的角度来接续这一历史，进而也显现了汉族文化在社会变迁中的稳定性。

倘若严格从学理角度分析，将汉服作为规范和界定汉民族的核心要素势必令人怀疑。或者说，这样的说法具有很强的建构论色彩。首先，汉服可以视为一种民族符号。然而，在整个汉民族的核心价值体系中，它的作用仍然比较小，对一个族裔意义上的民族而言，其核心价值体系才是更加根本性的界定自我的要素。

其次，就儒服与汉服的关系而言，儒家始祖孔子不仅对儒服没有明确的意识。相反，他倡导入乡随俗的着装，这也不利于将汉服作为民族的象征。《礼记·儒行》曾如此记载："鲁哀公问于孔子曰：'夫子之服，其儒服与？'孔子对曰：'丘少居鲁，衣逢掖之衣。长居宋，冠章甫之冠。丘闻之也，君子之学也博，其服也乡，丘不知儒服。'"

最后，不仅"汉服"作为汉族的规范性内涵令人怀疑，"汉服"在历史上的国际关系意义，也应让我们审慎思考这一运动可能造成的潜在的消极影响。在历史上，"汉服"容易得到外族人和外国人的认知，并在东亚朝贡体系下具有"中心"的色彩，容易引起"汉族中心论"与"大汉族主义"的论调。有史料记载，南明永历十三年（公元1659年），永历朝廷流亡缅甸，过着寄人篱下的生活。同年8月13日，缅甸国王派人来请黔国公沐天波过江参加15日的缅历年节。沐天波携带永历帝原拟赠送的礼品过江后，缅甸君臣不准他穿戴明朝衣冠，强迫他换上当地的少数民族服装，同缅属小邦使者一道以臣礼至缅王金

殿前朝见。按明朝的惯例，镇守云南的黔国公沐氏，代表明帝国管辖云南土司并处理周边藩属国家的往来事务，体统尊贵。而这时情况逆转，他们要光着脚身穿少数民族服装向缅王称臣。礼毕回来后，沐天波对朝廷诸臣说："三月在井亘（吉梗）时不用吾言，以至今日进退维谷。我若不屈，则车驾已在虎穴。嗟乎，嗟乎，谁使我至此耶？"（刘宷：《狩缅纪事》）从沐天波的经历来看，缅甸是在朝贡体系的"中心—外围"的礼仪等级体系下看待"汉服"的。"汉服"象征着中心，一旦中心崩溃或出现断裂，从中心出来的汉族人是不能随便穿"汉服"的。从这一角度看，"汉服"还具有严格的国际关系含义，隐含了（外国内化的）中国中心观。因此，当下"汉服运动"的兴起有必要考虑历史上"汉服"的复杂内涵。

除规范论和建构论要素外，当下汉服运动的兴起也具有多重工具性内涵。第一种工具论属于"汉族文化复兴"的工具。有人指出，要让大众对汉族文化感兴趣，必须先引起他们的注意力。而针对现在大众对于汉族了解的缺乏，以汉服之靓丽衣装为表象容易引起大众关注，才能进一步讲述汉服后面的深厚的文化。也就是说，汉服只是复兴汉族文化的一个手段、一种破题、一个引子。第二种工具论属于经济收益工具论。"文化搭台，经贸唱戏"是中国一些地方政府和企业惯用的策略。在这一思路下，文化并非本位，而只是经济收益的一个引子。就汉服运动而言，我们可以明显觉察后面所蕴涵的商机。例如，一旦汉服运动深入推进的话，必定引发汉服市场热，犹若亚太经合组织（APEC）上海会议后的"唐装热"。从媒体报道和网络消息看，现在有一批服装行业的人员在推动或关注汉服运动，有些网站也已经开始小规模售卖自己设计的"汉服"。第三种工具论则属于国族意义上的工具论，即通过界定"汉服"与"华服"的关系，进而推动中华民族的民族意识并致力于振兴中华。例如，中华汉网提出，要坚持爱国主义和汉民族主义的统一，以健康兴汉强国思想推广为己任，并大力发

展汉文化精髓。

社会转型与汉服运动：族裔民族主义的限度

上文阐述了“汉服运动”包含了规范论要素、建构论要素和工具论要素。要进一步理解“汉服运动”的兴起，还需要将之与中国的问题性和中国社会转型联系起来。

近年来，中国经济高速发展，物质财富快速增长，而个体精神空虚、信仰缺失、社会缺乏诚信。这一日益明显的落差不仅让人担忧中国经济持续增长缺乏坚实的文化支持，也让国人四处寻找可以寄托精神的居所。中国古有顾炎武的“亡国”与“亡天下”之辨，而如今的忧虑却是在“国富民强”这一迥然不同的背景下出现的。由于历史与现实原因，在中国目前的现代转型中，不仅出现了社会学者孙立平所说的社会性“断裂”❶，也包括传统与现代的断裂。后者导致部分人士从族裔历史层面寻找认同资源。中国的快速发展不仅增强了他们的信心，也使他们能更加宽容地审视自己的屈辱的历史。与中国快速的发展势头相随的是，中国社会日益多元化。新一辈年轻人（所谓“80后”“90后”）成长环境相对优越，他们没有经历过苦难的历史进程，集体主义对他们的影响也不如前辈明显，或者说他们的个体主义倾向更加鲜明。因此，不少年轻人侧重从审美的层面来看待民族的过去与未来，这与汉服运动部分参与者的审美意识浓厚是契合的。

虽然有些学者和网站致力于用国族来规约汉族，但是我们无法否认两者之间可能存在的张力。首先，汉服运动的兴起，在一定程度上缘起于一部分汉族青年有关民族文化的感知差异。近代以来，汉族的“族裔”文化特性在不断消失，而国内少数民族的民族文化保留则相对完备。例如，他们常常感言，在中央电视台

❶ 孙立平 . 断裂：20 世纪 90 年代以来的中国社会 [M]. 北京：社会科学文献出版社，2003.

春节联欢晚会上，除汉族之外的55个民族都有自己的民族服装，而唯独汉族没有。其次，从政府的政策角度看，政府对少数民族颇多优惠（如计划生育、高考加分和就业优惠等），让部分汉族成员觉得没有享受到同等待遇。这意味着，汉服运动的兴起，涉及汉族与其他民族的关系。

目前，汉服运动还处于初发阶段，也未见过多的不良事件和消极的社会影响。有关部门也没有明显的干预意图，汉服运动不温不火地继续推进是可以预见的。这一族裔文化民族运动还得到了社会各界一定程度的认同与支持。其原因在于，汉服运动的参与者主要是一些知识素养比较高的青年，他们在探寻族裔文化认同的同时，也彰显了阳春白雪的审美偏好和需求。换言之，这一运动具有很强的内向性、寻根性、审美性、非排他性和非进攻性特征，很少涉及物质利益。尽管该运动也关涉他者，如国家和其他民族，但就上述议题而言，它与他者之间暂时没有明显的物质利益、政治利益竞争和冲突。与此同时，汉服运动在网络外的规模很小，主要属于私人小团体的活动，影响能力有限。而且，以服装切入族群认同，主题既并不敏感，也未直接切入诸多汉族人的迫切所需。或者说，汉民族作为中华民族的主体民族并未有明显的族群文化危机感和封闭的汉族文化意识。

尽管如此，有关部门和知识界应该密切关注这样的民间文化运动的演进，在尊重其基本自由和权利的同时，适当加以引导。第一，应该在宣传和教育中强调族群文化认同与国族（中华民族）文化认同的平衡和协调，而不是只取一端的极端做法，以防止封闭的民族文化认同。第二，应该协调与平衡不同族群之间的文化权利，在保护弱族群的文化和权利的同时，也应该尊重、鼓励主体民族的非排他性、非进攻性的族群文化权利和需求。第三，应该引导不同族裔在全球化的环境中思考自己的文化认同。让他们感受到全球化的同质化压力的同时，保持本族的自主文化认同，即让各民族知悉内外不同文化层面的他者，并与之平衡和协调。

汉服运动之我见

文/月曜辛

活在当下

每当有人问："你想穿越回哪个朝代？"我都回答："我会留在现代。"有时候，对方会接着问："你不是喜欢汉服吗？为什么不想回到古代去？"我会回答："我喜欢汉服，可以把汉服拿到现代来放在身边，而我没必要回到古代去。"对方又说："可是现代没那样的环境，现代没那么好。"又有人问："汉服已经消失了三百年，复兴做什么？"

汉服复兴之路很艰难，甚至可以说，汉服运动发展了近十年，如今才不过从赤贫升级为脱贫。往后看，只走出那么一小步；往前看，道路崎岖。在这种不上不下的状态中，我明白大家容易产生各种心理并且负面心理居多。但俗话说，没有过不去的坎儿。只有答不对的题，没有无答案的题，关键看你愿不愿意去解。

汉服运动，兴在当下，各位同袍，也活在当下。我也不是成为过去了的人，我一直在汉服运动中，并且一直在思考，我还能为汉服运动做些什么？

狭义和广义的汉服运动

狭义上来说，汉服运动是为了恢复汉民族的民族服饰而发起的，其目的是让汉服得到汉族人民的普遍认同。注意，这里说的是认同。汉服运动从没强求过所有汉族人手一件汉服，更不强求所有汉族不穿别的服饰只穿汉服。至于这个目的达到以后大家干什么——该干什么干什么。

汉服的首要作用跟别的服饰的首要作用一样，次要作用是，可直观表达汉民族、中国人、中国文化爱好者（外国人）等身份。

当汉服全面复兴后，什么人都可以穿汉服，且不会有法律规定“什么什么样的人不准穿汉服”。反之，汉服也不是为了汉族中的某一群体而存在，只有这样一群人才能穿。汉服的受众在各行各业、各年龄阶层，跟文、理、商、工、农、兵分科无关，跟学术流派无关，跟文化水平无关，斗大一个字也不识的文盲，只要他是汉族并且愿意穿，他就能穿。

当然，在本学科外，多学一些民族文化是没有坏处的。在民族文化以外，关注其他学科的知识也是有益的。什么都不想学，只想悠闲来人间走一遭，那也无可厚非。非钻牛角尖觉得别人不跟他一个路子就是有问题的，这种想法只会害了自己。因为真正在学习、推广自己学派观点的人，必然不会出现一种叫做“粉过必黑”的行为，小心翼翼，怕叙述不清被人误会都来不及。

最糟糕的是，一个民族在不正常的社会状态下，所有的人才会只有一个思想，只干一件事。

总而言之，狭义上的汉服运动，只走到让汉民族可以依自己的意愿穿汉服生活这一步，且如何生活也是自己的意愿。在这里，汉服确实只是一件衣服。而广义的汉服运动，如前所述，提倡汉服只是一个引发大家关注民族各方面问题的手段，其最终目的是导向民族复兴。

首先，汉民族必须复兴，其次才能带动中华各民族的共同复兴。无论从哪方面来说，汉族都必须领这个头。在这个各国皆西化严重的时代，东亚文明想要崛起，只能团结在母文明周围。而这个母文明就是“汉”，最早以前则叫做“华夏”。

其次，民族复兴，不是大声宣布“我回来了”，大家就统统靠边了，重要的是实力。而必须以硬实力为前提，经济力量、军事力量和科技力量缺一不可。管仲说：“仓廪实而知礼节，衣食足而知荣辱。”

当中国处于一种硬实力逐渐上升，软实力缓过了劲也打算跟上的状态。衣食住行、百家学说，无一不是软文化。除传统文化以外，从中国价值观、审美观出发的现代流行歌曲、电影电视等，也是软文化。年节、宗教也属于软文化，如果我们彻底被圣诞节、情人节乃至万圣节包围了，那就是软文化之战上的一次战败。虽说败得不算难看，全部被过成了爱情节，其背后的宗教也没有要求全部中国人改正的胆量和权力，但是待细细磨碎了彻底消化掉估计还要有些时日——就算没有故意而为之，迟早也会被“民俗流变”这个渗透性大杀器给碾压。而在礼尚往来时，我们也输出了儒家、道教和中国年等。

而最大的一次软文化反击就是2008年举办的奥运会。从护圣火，正面回击国际上对中国的种种误会开始，到奥运会开幕式达到顶峰。但那场开幕式，还有一些不完美之处，不少传统文化相关人士，以及汉服同袍，也从专业角度对道具和服装细节提出建议。而曾经请求奥运礼服设为汉服一事未被奥组会采纳，也让人倍感挫败。

但是在这以后，我们又做了什么？我们没有放弃，政府也给予了信任。政府这些年越发支持传统文化——寻找非遗传承人、学经典古籍摆上台面，也数次直

接明确地报道汉服活动，以及直接表明了“民族复兴乃中国梦”这样的态度。我们从前在做什么，现在依然继续做什么，今后也依然会坚持下去。

汉　族

信仰话题每个月都要在网络上引起一次大争论，每一次都以“中国人没有信仰，道德沦丧”为开场，以“信仰不等于信神，可以信仰的思想有很多”结束。

莫说汉族没有信仰，只要人类不亡，文字不亡，语言不亡——“历史”就有无穷的力量，并且这力量是压倒性的。翻开史书，无数神灵早已败于其下，剩下的势力不过是信徒们的妄念在挣扎。反之，只要“历史”还在，一个聪明的民族，便知道该如何向其借力，保护、发展、延续自身，它所创造的新历史，又会成为旧历史的一部分。

汉族不断绝自己的历史，历史便无法断绝汉族。且这种断绝，不能单指血缘意义上的断绝。在现代，世界上有很多民族，从血缘学上来说跟古时候所指的民族是相近的，但是在民族学上，却无法把他们划归回某古民族。因为历史、文化断层了，如今的他们怎么看都是另外的民族，也很难对远祖产生亲近感。就比如我们现在所说的“香蕉人”，他们对中国的文化历史毫不关心，满心只有所成长国度的语言和文化，可以想象一下，如果全中国人都被置换成了这种只有表皮的“香蕉人”，中国还能称为中国吗？

如今，虽然我们没有断掉血脉延续上的历史，但是文化传承上的历史却险些断掉。不过苦难的历史说一遍就够了，既然只是“险些”，既然有翻盘的机会，抓紧了赶紧行动才是正事。所幸知道这个道理的人很多，于是才有汉服运动第十年。

春运时节，到处都是急着赶回家的人。而到了除夕晚上，年夜饭开席前，许

多地方还有一个“请祖先们回家吃饭”的习俗。具体操作各有不同，但就如字面意思而言,过年大团圆,在传统观念中是“一个都不能少”。而一脉相承的祖先们，想来只要无他事，也是心心念念着要回家看一看的。

汉服运动，其实就是一场汉民族的“春运”，把我们带回“华夏”这个家。家中有各种各样熟悉的人或事物：满口大道理的长辈，一桌子的美味……虽然在排位上，我们的辈分最低，但这个家给予我们的庇护和支持却可以达到最大——“上下五千年”亲情站场，能量无限!

而回家，不是为了宅在那里，春节过完了，我们还要出门，还要继续向前。回家，是为了得到可以继续走下去的力量。

这个力量，就是“历史”。

中　国

爱国，是汉服运动的标签之一，只是不同的爱国群体努力的方向不一样，各有各的“爱国方式”。汉服运动努力的方向是增强中国在文化上的实力和民族自信。文化上的实力就是软实力。

自从清末以来，中国人就越来越缺少民族自信。清朝扭曲了汉文化，散尽了明朝留下的家底。民国伊始，在西方文明的强势高压下，逆向民族主义思维就没停止过。一直到现在，依然有很多人觉得外国人跳个骑马舞都比《最炫民族风》有文化、有内涵。

由此诞生了一群名为“反思党”的人,成天以中国人为一切社会现象反思“是中国人不对”。当他们反思得大家都烦了，“爱国党”的东风又必然会压倒他们的西风。当然，即使爱国，也得承认中国是不完美的，的确需要一定的反思。但为了接近完美，有的人只会在口头上大喊“要反思”，有的人却一言不发，踏踏实

实为中国的进步、改变做出有建设性的努力。

如我们汉服运动，如果没有选择“踏踏实实做事”，那么至今也不会有人做出第一件汉服，也没人穿汉服上街。假如所有人都只秉承着“辩论清楚再做事”“反思清楚再行动”“做事，让别人去吧”之类的想法从2003年一直拖到今天，那么“汉服运动十周年”就只是个只有手指和嗓门运动了十周年的笑话。

而在汉服运动里做实事，当然也不是一件轻松的事。外部，有外界的不理解给我们造成的艰难。内部，最轻松的只有小孩子，大人给他们衣服穿，他们就穿了。此外，还有仅仅只打算当“汉服爱好者”的一部分人。其余的认下了“同袍”这一身份，心中剧烈燃烧着“复兴华夏”之火焰，从一开始就没有轻松过。

脚踏实地地做出实绩很难，不是在网络上辩赢“对方辩友”就能成功。“对方辩友”是层出不穷的，需要抛开那些反对声音，不让它们拦住自己前进的脚步；要断了网，关了电脑，在工作台上一遍一遍开始演练、修改、推翻、重来；还要到大街上去，把成果展示给大众，让它受到评判，从实验品变为真正能让大众接受的成果。而这反反复复锤炼的过程，十年才是起步。

我一直记得一个《我的祖国》的MV，舞台屏幕下，是抗战时期伤痕累累的士兵们；舞台屏幕上，是新中国的城市和生活的画面一幅一幅闪过。当然，历史上真正的老兵们，多半都是看不到这个未来的。而站在现在的我们，也不会看到一两百年后的未来。我们和他们唯一能看到的，是自己的“现在”。即使深陷于没有希望的困境，也要拼尽全力付出各种努力。

一直记得《吐槽2012》❶里的一段话：

---

❶ 摘自环球网。

“如果给我们选择的机会，我们很可能选择生在美国。美国有美国的好，生活平静，享有更多的自由。生在美国没什么不好，但是生在中国给了我们另外一种命运，让我们不断去奋斗和努力，一起去改变这个国家，让我的生活更加有意义。就像习近平总书记提出的，实现中华民族的伟大复兴，就是中华民族近代以来最伟大的梦想。这个梦想，凝聚了几代中国人的夙愿，体现了中华民族和中国人民的整体利益，是每一个中华儿女的共同期盼。历史告诉我们，每个人的前途命运都与国家和民族的前途命运紧密相连。”

我又想起了，网上一直以来也流传着这样一段话：“你所站立的地方，就是你的中国；你怎样，中国便怎样；你是什么，中国便是什么；你有光明，中国便不再黑暗！”

汉服的汉　汉服的服

世界上许多神话传说里誓不两立的两种力量，往往在结局时仍然你死我活，有你的世界没我的世界。但是在中国的观念中，阴与阳、明与暗、乾与坤、水与火、山与泽、柔与刚、男与女……界限分明，却又相连相接，互为扶持。它们都是重要的，都是必要的，都没有错，不过是遵从各自所属的性质，来组成这个世界的一部分。

而组成电脑世界的因子，听说也是遵从这个古老的智慧，不是阴就是阳，不是 1 就是 0，但既不能缺少 1，也不能缺少 0。网上的男男女女，老老少少，或动或静，或张扬或内敛……并不是不同到无法交流，反而进一步丰富了这阴与阳的组成。

当网络延伸，看到“汉服”一词时，什么是汉服？新人❶的疑问。

汉朝的衣服？新人的理解。

汉是汉族的汉！老人❷的回答，新人或许听过就算了，或许振聋发聩，突然意识到身份证上的“汉”字不是可有可无。

这是汉服的汉，在名为华夏的重生的混沌小世界里，重新点燃火光。它令浊气下沉，化为坚实的大地。

而汉服的服，当每一次轻念华夏两字，念的不是毫无意义的张三李四之名，是“礼仪之大，故称夏，服章之美，谓之华”。

汉服的服，本应是水，在有了光明的重生的小世界，水安静沉默地流动。或有时缓慢，或有时奔腾，或总如湖一般沉静，但有一日又会如海一样掀起波涛。只要还流动着，还存在着，总有东西会从中诞生，令清气上升，化为广阔的天空。

冷静的溪流，愿意再等上几十年的时间成为大海。激烈的火，却无时无刻不在熊熊燃烧，但是都没有错。急于将被掩盖的真相昭告世人的心情，大家都懂得。担心时间不等人，急急忙忙想要为未来打点好一切，这种心情大家也都有。但是想先将基础慢慢打好，将这一切隐忍于心中，从侧面去推动进展，让时间来潜移默化的人，也不是过错。

如果都使用同一种方法，都只往一个方向冲，前方有个沟，只能大家一起掉下去。明朝之后两百多年，只有迎接新国家兵士进城的人才知道为什么要穿，穿哪一件衣服出来迎接。又过了百年，我们在这里，继续前行。

汉服一词，去掉“服”字只剩“汉”。三百年前，为什么汉人会那样为了衣服、头发去拼命？之后过了两百多年，去到日本的留学生又为了什么对和

---

❶ 编者注：此处指刚接触汉服的人们。

❷ 编者注：此处指接触汉服良久的人们。

服一见倾心不肯再着清装？

汉服一词，缺了“汉”字，指代任何衣服都可以。但其中有一件被冠上了“汉”，那就只能是汉这个民族的服装，将华与夏背负，将历史背负。穿上这件衣服，作为先行者，我们必须传承汉文化。只是想轻轻松松穿着玩耍，只愿意特立独行地想“我穿的不是汉服，是漂亮”“只是想过把古装小姐与侠客瘾”……不是不可以，只是在很多很多年以后，才能有真正的轻松。这最后一段话，写给只是因为觉得汉服漂亮而被吸引过来的朋友，认为用影楼装、影视装也可以代替汉服的朋友。我个人是从没觉得轻松过。

民间力量

参加汉服运动以来，我听过的最好笑的话是“汉服运动靠庶民是没有办法取得成功的（大意）”。遇到最好笑的事，是前后有好几批人找上门来，皆高调宣布要建立一个领导全国汉服运动的精英阶层，由他们制定“游戏规则”，推选“领袖”，“录选”同袍，“钦定”各网论坛，“指定”各地组织。

然而，天不遂他们愿。从一开始，汉服运动的参与权就开放给了全体汉民族。全体是什么意思？就是不管你是什么性别、年龄、学科和职业，只要你有这份心，你就可以参加这场运动。而不管你有没有钱，有没有权，来到汉服运动中，你唯一的身份标签只有“汉服复兴者”，所有的汉服复兴者都是平等的，没有谁比谁高贵，谁必须听命于谁之说。

还有一些人，常年纠结于另一个问题：汉服想要全面推广，必须靠政府。《宪法》规定了各民族风俗由各民族自主发展和改革。政府虽然没有对汉服运动多说什么，但在行动上却做出了“发扬传统文化”“实现民族复兴”，以

及推行非物质文化遗产继承人制度、传统节日法定化、大学课程、院系相关于传统文化方面的增添等。

另外，一些少年纠结在一个类型差不多的问题上：想要更多人知道汉服，必须靠名人。

这话说得倒是没错的，但是要我说，与其让名人为汉服代言，不如自己努力成为“名人”。因为这里涉及一个同袍和非同袍的问题。同袍知道何为可为、不可为，非同袍则不知道。而一旦非同袍所为与同袍们的观念、底线起冲突，不管是不是名人，同袍们的第一反应都是维护底线，绝不会顾及非同袍的面子。如果该非同袍真心喜爱汉服，不在意周遭言论倒无所谓；如果只是随便穿穿，一个不高兴，随时可以反过来污蔑汉服。“名人”中虽不乏真心喜爱汉服的，但也有一些本就是利用汉服来给自己提高知名度的，对汉服和汉服运动谈不上感情。

而以上问题，总体来说，汉服的发展重心还是在民间好。

再来说文化，只要某种文化、观念深入民间，它就很难消亡。谁说庶民让人看不起？往往庶民才是传统文化、风俗最久的坚持者。民众很乐意长时间不改变自己的生活习惯，即使俗气一些。即使是在清朝，也有妇女、儿童顶住了压力，继续穿交领衣。一直到现代，在我们汉服运动还未开展之前，许多地方的婴幼儿的着装仍然不改此习俗。如今，厂家批量制作的婴儿服，也基于交领形制，日韩也是采用这种形制，而欧美婴儿服则多是开襟或套头连体衣。

一个国家赖以延续的基础是人民，一个国家的文化想要延续和发扬，也只有靠人民。得民心者得天下，历史已经无数次地告诉了我们这个道理。

因此，汉服只有回归民间，才能真正取回汉民族服饰的名分，其他传统文化也如此。不管是什么文化，如果没有广泛的民众基础，那它就只能是一个小圈子

范围内的“业内人士交流”，抑或只是一群自诩时尚风流的人搞出来的昙花一现的“流行”。不向大众宣传汉服、汉文化，不让大众了解接受汉服、汉文化，只忙着靠近精英权贵，他们固然可以给民众竖起一个风向标，但他们的作用相当有限，仅面向粉丝群体，而不是面向全体同袍的，绝对不能放心汉服、汉文化交给他们解读。

此外，如果一味炒作高档汉服，走“上流社会”路线，在民众看来，也不过是一群有钱人在炫耀奢侈品，跟普通人的生活毫无关系。如果一味奢侈化、单一化，把汉服与中低层生活水平的汉族割裂开，乃至将汉服割裂为某职业服饰，某群体专用服饰等状况，便根本不是民族服装了。只为特定阶层、群体制作的服饰，叫什么都行，而非民族服饰。民族不是百分之一，是百分之百。当然我不是反对汉服高档化，我只是反对“权贵化”。

《宪法》上提到一个民族有延续、更改自己民族风俗的自由。显然，这个自由属于全民族。不是民族中的几个精英鼓吹，风俗就要改弦更张。只有当大部分汉族都认可同一个习惯和概念时，一个风俗才算正式改变或者确立。这是汉服运动的基础，也是汉服运动的目标。

如今汉服运动显然远远没有成功，而成功的关键只在于对人民的争取。人民，是你的父母、兄弟姐妹、朋友、邻居、同学、同事……只有他们支持你，你才能立于不败之地。寻找“老大”，请醒醒。寻找“同道”，那不过是一时的心理慰藉，且“同道”不可能护着你一辈子，与你并肩战斗一辈子，任何团体迟早都有解散或者有更新换代的那一天。

在汉服运动中成长

“如果汉服运动不能使人得到成长，那它就是失败的。当然，如果一个人参

与了汉服运动却什么都没学会，那他最好先审视一下自身。”

这句话最初是在一场辩论中写下的，辩论的主题是“穿汉服的人什么都不懂”。大多数来参加汉服运动的都是“80后”“90后”，如今“00后”也跟上了。而且就算是如今已经奔三了的“80后”，在刚加入汉服运动的时候，也多是学生。而作为现代学生，你可以说他们不懂四书五经，不懂琴棋书画，但真要论什么都不懂还是太绝对了。比如，我就认识一名同袍，他从小被他爷爷逼着学习古代典籍，学习书法、国画，养成了关注传统文化的习惯，后来才对汉服产生了兴趣，并加入汉服运动。

而就算是确实不懂四书五经的那部分同袍，他们首先是被汉服的美丽吸引，或者天生就对传统文化感到亲切，于是他们加入了汉服运动。而汉服运动里的其他人，则引导他们学习汉服知识，以及其他历史知识、传统文化知识。而这种“教学”不是逼迫式的,没一个人可以逼另一个人“如果不能在十天之内把《论语》倒背如流，就必须离开汉服运动”。所以有人学得快，有人学得慢。并且一个人学过什么，不是像穿着汉服这样可以直接观察到的。网络也主要是被大众拿来休闲的，除非表现欲旺盛和必要状况，没人随时随地到处表演满腹经纶给别人看。

汉服运动并不是儒家学说运动，而是百家学说。即使不想学传统文科，只喜欢研究生物种白菜，喜欢物理造火箭，只要学习这些东西的前提是为了中国进步，为了民族复兴，那么汉服运动就是你坚强的后盾。而汉服运动可教导的还不仅仅是这些。

在汉服运动中，只要不是一个人独来独往，那么每天你至少要跟五个以上的同袍打交道；如果你负责外交、宣传，那么你还要负责跟五个以上不了解汉服的非同袍进行沟通交流。汉服运动的稳固建立在人与人的联系上，汉服运动的扩大建立在人口的不断聚集上。你如果加入了汉服运动，首先必须学会明白与人相处。

汉服运动虽然兴起于网络，但其最终的目的却是回归现实。汉服运动的重心一直都是现实中的活动，这些活动要接触的人群，无论是同袍还是非同袍都一年比一年多。

学会了与人相处，下一步就是各自分开学习。正如前面所说，汉服运动既提倡“百家学说”，也不反对现代学科。但需要知道，汉服运动虽然不会组织考试，却有一个不容出差错的“最终考验”。那个考验就是华夏的复兴，且那个考验不可能只一代人就能完成。加入汉服运动，你便要有“穷尽三代人”之类的觉悟。你今日在汉服运动中的所学，不单为了提升你自己的修养，也是为了让你可以教育下一代人。什么叫“传承”？不是我们从祖先那里拿到手就算完了，我们只是接力中的一环而已。

因此“为中华之崛起而读书”，在汉服运动中绝对不是一句口号。如果你曾经认为这是一句口号，或者只是因为青春期叛逆心理对它感到不耐烦，那么既然你已加入了汉服运动，你就该认真对待起来了。

汉服运动，毕竟不是玩的地方。

许多父母在汉服问题上与其子女分歧很大。父母对汉服运动的不了解固然是主要原因。但是设身处地地为父母想一下，孩子对父母来说是最重要的，让父母把这个“最重要的”宝贝送到一个他们不清楚状况的地方，他们怎么可能会放心？汉服运动的主旨是什么？汉服运动的目的是什么？汉服活动的安全性如何？这个活动里的人是不是都值得信任？会不会带坏孩子？会不会伤害孩子？

如果你还没有跟父母好好沟通过，从没说清楚过汉服运动，就让他们放心，那么对他们的抱怨就毫无道理。

不仅是对父母，对于其他不了解汉服运动的个人、群体，我们也该设身处地地去想他们为什么会不了解，该怎么让他们了解，而不是抱怨了事。

最后，应该在汉服运动中成长的不止是同袍，一些反对汉服运动的人，我也真心希望他们有所成长。反对的人应该在深入了解、全面调查之后找准方向再反对。

华夏衣冠复兴的十年历程、现状和未来展望

文 / 赵宗来❶

对“汉服复兴”我个人有下列几点看法。

华夏衣冠复兴的兴起：汉网

“华夏衣冠”在实践和理论方面的正式复兴，要从“汉网”的建立说起。“汉网”创建于2003年1月1日，至今已经十多年的时间了。在这十多年里，在众多的汉服志士和学子的不懈努力下，被迫沉寂了三四百年的汉服再次复兴。汉服之名不仅已经为国人所知，而且在国内各地人们以多种方式展开汉服的宣传和实践活动，有很多海外华人也大力支持并亲自穿起了汉服。在短短的十多年时间，

❶ 赵宗来，济南大学文学院副教授。

能有如此成就是很不容易的，也是可喜可贺的。这是与国内外众多汉服践行者的努力分不开的，因此我要向各位汉服践行者致以崇高的敬意！

正如如今汉网管理员之一的“曾德纲先生”（网名）所说，汉服运动产生于某些专家、学者为吴三桂、尚可喜歌功颂德，而史可法、郑成功被抹黑的年月，产生于中华民族的历史被肆意歪曲贬低的背景下，产生于所谓的“唐装”使众人误以为“华夏传统服饰”的时候；更为重要的是，产生于为清廷歌功颂德的“辫子戏”充斥于荧屏的时候！当时担任汉网版主的“信而好古先生”（网名），依据经典之中的《礼记·深衣》和后世儒者的考证，他在从来没有动过针线的情况下，用了三个月的时间，亲手裁剪并缝制出了中华人民共和国成立以来的第一件汉服。新加坡《联合早报》对此事进行了采访和报道。因此，汉网功不可没。

继汉网之后，产生了一些宣传汉服、实践汉服的网站，如天汉论坛、中华汉网、汉服网、汉人网、兴汉网、安徽汉服论坛、福建汉服天下、中国汉服网、汉韵灼灼、汉文化论坛、汉兮文化论坛、孔氏宗亲网、华夏文化论坛、爱汉服、汉兴天下、汉人社区等。至于专门开辟出一个版面宣传汉服以及华夏文化的网站就更多了，比如秋雁南回文学社区、中华阅读网、居庸诗社和天涯社区等。它们都建立了专门的华夏文化或国学版面，在此不再一一列举。即使在国外，也有宣传汉服、实践汉服的网站和报纸。至于把汉服作为一个版面的网站，也是数不胜数。尽管这些网站对汉服与汉人的关系、汉服与华夏文化的关系，以及汉人与中国其他族群的关系的认识存在一些不同，但有一个共同点，就是对汉服复兴表现出极大的热情，这种热情深深植根于华夏儿女的民族自豪感，深深植根于对华夏传统文化的热爱。有一段话或许能反映汉服爱好者们的心声：“复兴汉服，绝然不是一种复古，而是一次找寻，找寻汉服的美丽，找寻失落的文明，找寻曾经的盛世乾坤。”

在汉网上，有一首得到众多汉服复兴支持和实践者喜爱的歌曲，题为《重

回汉唐》，由赵丰年、孙异、玉镯儿作词，由孙异作曲并演唱。孙异先生自注：“我们说重回汉唐，不是回到那个时代，而是以汉服为载体，继承华夏文明的血脉，继承祖先留给我们的伟大的民族精神和宝贵的文化遗产。复兴汉服不是历史的倒退，而是在全球化的大潮下，不忘我们的根。重回汉唐、超越汉唐，这是我们的梦想，何惧道阻且长，看我华夏儿郎！谨以此歌献给汉服，献给参与汉服复兴的志愿者，献给所有给予汉服复兴关注的国人！”歌词中“广袖飘飘，今在何方”“衣裾缈缈，终成绝响”，催人泪下；“我愿重回汉唐，再奏角徵宫商；着我汉家衣裳，兴我礼仪之邦！我愿重回汉唐，再谱盛世华章；何惧道阻且长，看我华夏儿郎！”令人震撼。那哀而不伤、荡气回肠、催人向上的旋律，更令人振奋。

衣冠、礼仪与文化的复兴：华夏复兴论坛

在此情况下，有的朋友开始重视并研究华夏衣冠的复兴与华夏文化复兴的关系，毕竟华夏衣冠绝不仅仅只是一种服饰，绝不仅仅是汉人服饰的问题，而是与华夏文化密切相关的。正如“齐鲁风先生”（网名）所说：“文化上，新中国成立之初的苏式西化和改革后的美式西化，无法解决国人精神的问题，在此社会背景下，人们必然返回传统，特别是在经历文明大破坏后的国人，必然产生民族身份认同和文化认同的焦虑。”为此，信而好古先生创建了“华夏复兴论坛”，侧重以华夏文化的复兴带动并提高华夏衣冠的复兴。来自汉网的信而好古（李光伟）先生、Ufe3（吴飞字笑非）先生、炎平（段志刚）先生、曾德纲先生等人，成了华夏复兴论坛的主将。笔者也在以上各位朋友的影响下，有幸参与进来。

“华夏”这个名称随着“汉网”的扩大，对“华夏”二字的解释也受到了格

外的重视。重视汉服的朋友，往往引用“有章服之美，谓之华，有礼仪之大，故称夏”；汉网的朋友则站在“汉人”的角度，提出“汉即华夏，华夏即汉”的口号。因为“华夏”与“汉服”和“礼仪”有关，所以汉服活动就与礼仪活动联系起来了。比如，人们身穿汉服，祭祀袁崇焕，祭祀辛弃疾，祭祀屈原等人；比如，人们身穿汉服，举行成人礼、举行婚礼、举行射礼、举行游园活动等。华夏复兴论坛则依据蒋庆老师的说法来解释“华夏”，即“有道德礼义谓之华夏，无道德礼义谓之夷狄”。与此同时，由炎平先生和笑非先生提议，笔者也有幸参与其中，于2004年春季，在济南仲宫举行了全国近百年来第一次“释菜礼”；次年春季，在圣城曲阜文庙举行了全国十几位民间儒者参与的“释奠礼”。此后，民间学子身穿汉服，祭祀孔子的典礼在全国很多地方展开了。其中，在礼仪形式上做得相对最完备的是“渤海琴高”（高士涛）先生主持举办的河北正定文庙释奠礼。

从民间到官方的影响：“天涯在小楼”女士的贡献

2006年3月，“天涯在小楼”（网名）发起了一个《复兴华夏服饰　弘扬民族精神——“以汉服为国服第一选择”的签名活动》。此文由“天涯在小楼”起草，经多位朋友润色修订，可以说是数易其稿。

这份倡议书中说：“历史上的中国、现在的中国、未来的中国，如大河奔腾一般生生不息。现在的中国是华夏民族的延续，因此传承民族文化是我们义不容辞的责任和义务。汉服是华夏文化的重要载体之一，汉服能够成为我们国服的第一候选，肩负着传承华夏文化的重任。”

“我们应该确立什么服饰作为我们的国服？应该有四项条件：第一，应该是与我们民族悠久的历史文化持久相伴的服饰，而不是某个时代所流行的服饰；第二，应该是最能体现华夏文化精神内涵的服饰，而不是只求华美形式的时装服饰；

第三，应该是代表华夏民族人口绝大多数人形象的服饰，而不是某个小群体形象的服饰；第四，应该是具有华夏民族独特风格而且具有多种款式的服饰，而不是各民族乃至世界各国服饰的拼凑组合。能够完全符合以上四项条件的，只有一项最佳选择，那就是'汉服'！"

"天涯在小楼"并没有把汉服复兴的脚步停留在书面上，而是落实在了现实中。2006年6月6日，她给中华人民共和国中央人民政府网写了一封信。因为她看到在这个网站上有中华五十六个民族的肖像，其他各个民族都身穿其民族服装，但是唯有汉族是个例外。她说："在以上这个五十六民族简介的网页中，最后介绍的汉族，竟然用一个穿肚兜的女孩子代表汉族的形象。汉族人也有自己的民族服饰，简称汉服。传承了几千年、蕴涵华夏文明精髓的华美汉服，仅用一条肚兜来替代是远远不够的！汉族人历来对衣冠服饰非常看重，衣服是贴身的，所以代表了自己的身体。在我们传统中，如果把自己的衣服给别人穿，那么就是有相当亲厚的感情了；倘若是异性之间，可以代表以身相许。不仅如此，服饰也是礼仪的载体，就是在什么场合，穿什么样的衣服，是有严格规定的。"在"天涯在小楼"以及很多同袍的支持下，最终网站上的汉族人肖像做了改动，毕竟多少有一点像汉服了。

2007年是汉服从民间扩大到国家政治范围的一年。在全国人大和政协的"两会"上，政协委员叶宏明提议，确立"汉服"为"国服"；人大代表刘明华建议，应在中国的博士、硕士和学士三大学位授予时，应穿着汉服系列的中国式学位服。两份提案递交给"两会"并被众多媒体报道，引起国人广泛关注，成为当年"两会"期间最受关注的提案之一。这与中央政府对传统文化开始重视有关系，更与汉服在民间的大力提倡和宣传有关系。对于汉服复兴、华夏文化复兴来说，2007年是具有重要意义的一年。

《2008北京奥运会服饰礼仪倡议书》:“二傅”先生与张从兴先生的贡献

2008年，奥运会将在北京举行。北京奥组委发出了“世界给中国十六天，中国应还给世界五千年”的豪言壮语。早在2007年，奥运会服饰礼仪问题就提到了议事日程上来了。然而，我们需要思考，能够体现中国上下五千年的究竟是什么？怎样才能体现出来？在此情况下，河北省行唐县的傅路江先生首先提出来应该对此提出我们的主张，江苏省苏州市的傅奇先生提出了具体操作和实施方案，几位同道推举云尘子执笔撰写了倡议书。

在长时间的商议、修改过程中，得到了国内的天涯在小楼、吴笑非、青松白雪、曾德纲、鲍怀敏、段炎平、无弦琴、张梦玥、邱少华、李玉娟等众多朋友的支持和帮助，还得到了身在新加坡的张从兴先生、在澳大利亚的王育良先生的大力支持。

2007年4月5日清明节的凌晨，这份《复兴华夏礼仪服饰，展现五千年的辉煌——关于北京奥运会服饰礼仪倡议书》(以下简称《倡议书》)公开发布了。《倡议书》得到了海内外七十余名专家学者的签名支持，包括教授、副教授、讲师、博士、硕士、民间学者、海外华人等，并由华夏复兴论坛、全球读经教育网等二十几家网站于2007年4月5日联合同步发布。一时之间，《倡议书》引起了国内各种媒体以及海外媒体的极大关注，汉服(包括深衣)、华夏礼仪都成了被人们密切关注的词语。

《倡议书》强调的是，“中国，是过去、现在和未来的总和；华夏民族，以自古相传的华夏文化把海峡两岸以及世界各地的同胞联系在一起。因此，我们要展现给世人的是我们民族的文化传统，是自强不息与厚德载物的文化精神，是我们今日的成就与未来的理想。一个完善的民族，必然有独特的个性；一个

有长久魅力的民族，必然有悠久而灿烂的文化；一个热情好客的民族，必然有自尊自信和真诚。因此，我们不仅要展现与世界相同的一面，更要展现中国独具风采的一面，展现出我们民族的自信和彬彬有礼，让人类的文明在这里交会、融合！”

《倡议书》的主要内容包括三个方面：第一，把“深衣”作为华夏民族的“礼服”，希望在奥运会的开幕式、闭幕式上的中国运动员，整个奥运会期间的礼仪服务人员能够身穿深衣出场，至少应该在开幕式上出现深衣方阵；第二，把“汉服”作为汉人同胞与其他五十五个民族的人同时出场时的服饰，并倡议汉人同胞穿起来；第三，在见面时，采用中国传统礼仪中的作揖形式。

华夏衣冠复兴的“瓶颈”

汉服复兴到2009年，有几位朋友说遇到了“瓶颈”，这似乎是一个确实存在的问题。首先，几年前就开始重视汉服复兴，并热诚参加汉服实践活动的同袍，仍然在继续举行活动，其活动的范围还在扩大，活动的级别也在提高。但是，各种活动的新闻报道的吸引力却大为减弱。这种情况的出现是必然且正常的。当第一场春雨到来的时候，人们会欢欣鼓舞；当第一声春雷响起的时候，人们会精神振奋。此后的春雨、春雷依旧，虽然再没有那么多人为之而欢欣鼓舞、精神振奋，但是万物却在自然而然地生长起来。所以，当举行汉服活动却不再总是被当成“新闻”来大肆炒作的时候，不是汉服复兴停滞不前了，而是更加成熟稳定了。其次，有一部分制作或销售汉服的朋友，因为不能盈利而不得已停止营业了。这是否正常呢？应该说非常正常。有的同袍开办汉服店，本来就不是为了盈利，因此至今未能盈利也丝毫不意外；任何事物在尚未兴盛起来之前就与商业联系起来，并想一开始就盈利，都是不现实的；当大力支持并参加

汉服复兴的同袍基本上都有了一两套汉服之后，如果汉服复兴不能大踏步前进，汉服的制作与销售就必然会出现非常明显的停滞现象。最后，复兴汉服已经五年多时间了，汉服却还没有进入人们的生活之中。其实，这是因为我们有急于求成之心才产生的忧虑，好比刚过了春节就想着“沾衣欲湿杏花雨，吹面不寒杨柳风”，怎么可能呢？

可是，“瓶颈”是如何成为一个问题的呢？最主要的原因就是，我们被“瓶子”自我限制住了。只要是一个“瓶子”，就终究会有达到“瓶颈”的时候，即使瓶子的容量非常大，也毕竟是一种自我限定。海内外华人的汉服复兴、礼仪复兴就好比是两个瓶子，文化复兴就好比是海水。如果我们一个一个地去给十几亿个瓶子灌满水，难度就会非常大；如果这十几亿个瓶子浸泡在海水里，那么海水就会自动把每个瓶子都灌满。因此与其给每个瓶子去灌水，还不如将每个瓶子都浸泡在海水中。所谓文化复兴，涉及的是海内外华人的自我族属认同和对华夏文化的认同。

海内外华人的自我族属认同和文化认同

打个比方来说，一般情况下，男子不会穿女子的服饰，女子也不会穿男子的服装。除了不讲究的、一时穿错了的和有意求奇异的之外，恐怕就只能是“性别认同错位”了。一个发生了“性别认同错位”的男（女）人，他（她）不会自觉地去选择男（女）人的服装。即使有人强迫他选择男（女）人的服装，也很难接受。同样道理，如果我们对自己的民族属性有了认同，而不产生认同错位的现象，就不会不选择本民族的服装。所以，我们首先要知道认可自己是炎黄子孙、龙的传人，要知道我们现在由五十六个民族构成的中华民族是一个整体；要知道在中华民族内部，五十六个民族中的任何人都需要在认同中华民族的前

提下认同自己所属的民族，绝不能说汉族人的人口多就不需要自我认同；恰恰相反，汉人的自我认同关系到中华民族的前途方向问题。我们谁不愿意在国际上能够不卑不亢地宣称“我是中国人”？我们谁愿意听到或看到别人侮辱自己的民族？其前提是,我们认可自己所属的群体,我们知道自己与所属的群体有“荣辱与共”的关系。

从汉人和其他五十五个民族同胞的关系来说，因为历史的原因，中华民族自然而然地形成了以汉人为主体的局面。汉人怎么对待其他民族？只有修德自正才行。修德自正，对中华民族的其他族群同胞以诚善之心相待，在其他民族需要帮助的时候，能给予其帮助；在其他民族需要救助的时候，能给予其救助，然后才能国泰民安。如果是凭借人多势众,或者凭借武力或欺压去对待其他民族的同胞,那不是王道，而是霸道。俗话说：“有待好，大敬小。”这个“敬”不是怕，而是唯恐不是出于诚心、善心，唯恐自身的错误而给他人带来伤害，这就是按照华夏文化原则来做事。

从华人和其他各国来说,我们不仅要尊重其他国家民族的“信仰”“经典”“圣贤”和“祖先”，而且应该重视我们的信仰，学习我们自己的经典著作，有我们自己的信仰，尊重我们自己的圣贤和祖先。更何况，我们自己的信仰和我们自己的经典，是站在“道”的高度而说的人之正道、人类社会之正道，即“王道”；而不是站在自私自利的角度，仅仅凭着人类的私心私智创造出来的“丛林法则”，即“霸道”。如果我们按照“霸道”去复兴“中国”，那么，复兴起来的“中国”也不过是西方列强的变种而已，如此“城头变幻大王旗”不过是历史的重复与循环，天下太平的理想将永远难以实现。

当华夏文化原则被海内外绝大多数的华人所接受的时候，我们才会有自我认同的民族自尊心和自信心。到那时,华夏衣冠和礼仪才能被众人自觉自愿地接受。当然，任何事情都需要有先行者，先行者的修养和作为会起到很大的作用。“得道多助，失道寡助”，华夏衣冠的复兴和华夏礼仪的复兴，需要遵循正道；“得民心者，得天下”，华夏衣冠的复兴和华夏礼仪的复兴，需要得民心，合民意;“功夫在诗外”，华夏衣冠的复兴和华夏礼仪的复兴，需要重视华夏文化的复兴。当时间到了阳春三月的时候，没有人会再穿着棉衣；当华夏文化复兴起来的时候，华夏衣冠的复兴和华夏礼仪的复兴就会水到渠成。

汉服文化活动之活动实践

由文化名人、著名作词人方文山发起的中华民族服饰展演暨中国西塘汉服文化周，自2013年创办以来，已连续三年在浙江西塘古镇成功举办。。汉服文化周作为中华传统服饰和传统礼仪文化首次大规模呈现的活动，无论从精神诉求、元素内容、创意扩展等各种角度来看，在海峡两岸甚至世界范围内，都属于一个成功的范例。每届均以传续传统文化的生命力为基点，以民众喜闻乐见的形式与内容，推广汉服及传统文化之美，吸引成千上万名来自世界各地的汉服同袍、传统文化爱好者及广大游客慕名前来参与。西塘汉服文化周是迄今为止规模最大、影响深远的大型汉服文化活动，广受各界人士和媒体的关注与好评。

西塘汉服文化周所要承载的，不只是昔日江南古镇、襟带飘扬的风貌，更重要的是希望借助这一场场汉风活动，以时尚与传统相结合的形式，让更多人看到衣裳背后所蕴涵的华夏文明，感受那些人对于中华传统文化的追寻和传承。

汉服文化周 LOGO：衣领相交成汉“衣”，青铜器上有端倪

汉服文化周 Logo：衣领相交成汉“衣”，青铜器上有端倪！

如果你了解金文（钟鼎文），那一眼就能瞧出来，它就是“衣”！

同我们现代的衣裳可不同，它是汉家衣——汉民族传统服饰，它的文化内涵让人津津乐道，比如最具代表性的特征“交领右衽”——它在直观视觉上就是一个“y”，我们几千年沉淀下来的文化，衣服中有大文章。一个“y”，将传统服饰文化符号化，识别和记忆它更加轻而易举，下次如果你看到这样领子的传统服装，脑海中会不会跳出：“噢，这就是汉服啊！”

是的，这就是汉服、汉家衣裳。一个金文古体“衣”字，上有众人下有衣体，寓意“汉家儿女，众志成城”，红黑两色是中国传统颜色中的经典，简约不失庄重，拼搭一下还有点潮流 Style，传统不过时！

汉服进击世界纪录：让世界看到衣冠大国、礼仪之邦

乡饮酒礼是古代嘉礼的一种，也是汉族的一种宴饮风俗。乡饮酒礼始于周代，最初是乡人应时聚会，后成为普及型的道德实践活动，成就孝悌、尊贤、敬长养老的道德风尚，《礼记·射义》曰："乡饮酒礼者，所以明长幼之序也。"

2013 年 11 月 1 日，在西塘汉服文化周开幕式上，以方文山先生作为文化贤达与当地政府领导共同举杯宴饮，迎接来自世界各地的 370 位汉服同袍，以一种古老的礼仪，表达主办方对诸位来宾的诚挚欢迎，并创下了"世界最多人参加的传统乡饮酒礼活动"的世界纪录。

这是汉服运动发展至今具有里程碑意义的盛事，其目的是为海内外热爱中华传统文化的广大年轻人，提供一个展示传统礼仪、弘扬民族文化，见证当代汉服盛事的机会；同时，借助世界纪录协会这一具有世界影响力的机构，让全世界关注中国传统文化。

朝代嘉年华：领略章服之美，展现时代风貌

我国历史悠久、朝代纷繁，一朝一代都有其相应的人物、事件与风尚。朝代嘉年华，以历史典故与当代特色服饰为集中体现，带人领略华夏五千年的章服之美与时代风貌。

朝代嘉年华由仪仗队、朝代方阵、社团方阵等组成。其中，朝代方阵以周、汉、晋等方阵展开，以歌舞、诵读、书法、武术及民俗风物等形式展现，揭开历代精美服饰和时代风物。并以孔子、张骞、岳飞等历史人物来诠释民族精神和弘扬优秀传统文化。

朝代嘉年华是一场着眼于文化传承的视觉盛宴，融入不同朝代对应的特色民族文化风俗，给传统文化爱好者及游客带来别开生面的文化感受与非比寻常的精彩体验。并相继推出亲子方阵、国际方阵等，让儿童感受华夏文明，推动中外文化交流。

汉服论坛：文山聚场，对话汉服

随着汉服运动的发展与深入，汉服运动如今俨然成为文化领域越来越重要的力量和广受关注的社会现象。如何保持活力，如何与时代共舞迸发出源源不断的力量，如何对运动的方向与策略、组织的建构与发展、个人的学习与成长等思想理论体系进行重新探讨与梳理，以期促成更多具有现实参考价值的理论、模式与形态，这也成为近年来汉服运动中极其重要的具有前瞻性的议题。

汉服文化周自创立起，历届均邀请方文山、传统文化专家学者及各地汉服组织负责人等召开汉服发展论坛，分别以“汉服十年：汉服推广与发展机遇”“发展中的汉服：新青年，新愿景”“活动汉服：改变与行动”为主题，共同探讨汉服运动发展及社团组织建设等前沿话题，分享经验与教训，探索发展困境的解决方向和途径，促进组织间的相互沟通、交流与合作，从而推动汉服运动可持续性发展。

中国风市集：拒绝无趣，汉服让生活更美好

中国风市集是一场汉服与传统文化创意力量的整合大聚会，相关领域创意人士倾情参与，打造汉服与传统文化创意力量的产品设计品牌，促进其以大众喜闻乐见的形式为人所欣赏和消费，让更多人感受汉服生活之美。

市集相继推出多种类多形态的产品和服务，包括中国台北故宫带来的书法胶带、卡通摆件，中华邮政定制的汉服花语邮票，台盐实业打造的十二兽首盐雕，两岸文创公司创作的汉服胶带、方周Q版形象毛巾，嘉善邮政推出的个性化汉服主题明信片等；此外，还有汉服制作、周边饰品、四美茶包、文化周行李牌、射箭投壶体验等文化创意产品及游艺项目，并有古法制香演示及糖画传承人现场展示技艺。

汉服婚礼：爱在西塘，塘风水上婚礼

婚礼原作“昏礼”，以先民的亲迎礼于黄昏时进行，日月渐替，取“阳往阴来”之意。《礼记》云：“昏礼者，将合二姓之好，上以事宗庙，而下以继后世也，故君子重之。”周制婚礼是后世婚礼的典范，后世婚仪虽有损益，但从纳采到亲迎、合卺而入洞房，即使风韵迥异，但基本仪制的结构没有明显变化。

在第一届成功为来自台湾和湖北的新人举行唐制婚礼的基础上，第三届唐制集体婚礼也圆满举办，二十对新人在方文山的证婚下珠联璧合。在活动期间，汉制和明制的婚服、婚礼也均进行了展示，而这些无论是服饰的剪裁、礼仪的制定、场景的布置与礼器的选用，都极具时代特征和传承意义。

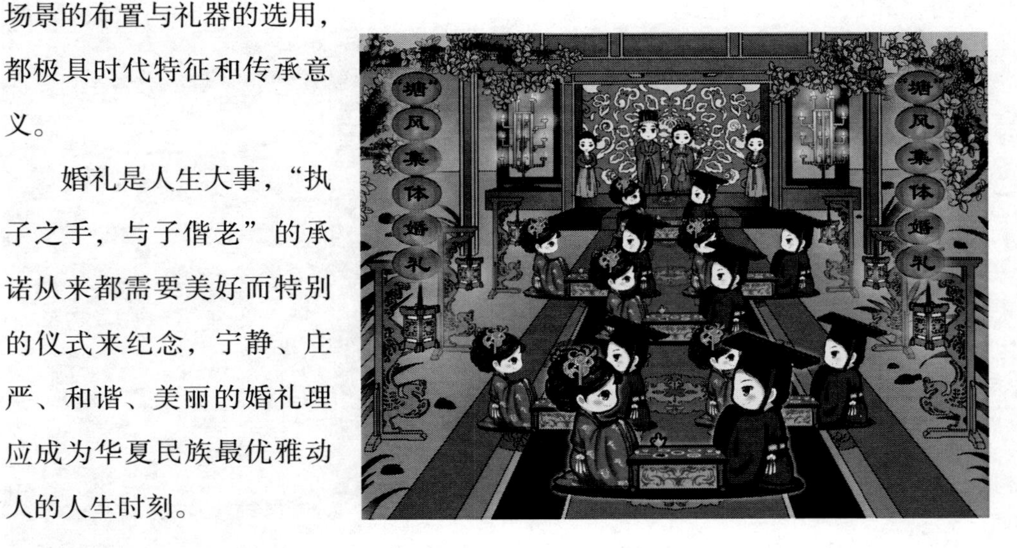

婚礼是人生大事，“执子之手，与子偕老”的承诺从来都需要美好而特别的仪式来纪念，宁静、庄严、和谐、美丽的婚礼理应成为华夏民族最优雅动人的人生时刻。

国学·四艺：汉式艺生活，国学好好玩

点茶、焚香、插花和挂画，并称“生活四艺”，是古代文人雅士追求雅致生活的一部分。此四艺者，通过味觉、嗅觉、触觉与视觉来品读生活美学，将日常生活提升至艺术境界，充实内在的涵养与修为，这与当今的东方美学主流意识不谋而合。

汉服文化周在活动期间推出生活四艺和国学礼仪的教学与体验，通过展示、互动及学习，让人感受传统的风雅和韵味。著名国学礼仪培训师许宏、首位非物质文化遗产茶百戏传承人章志峰等老师倾力加盟，让参与者体验一场艺术、礼仪之旅。

不羁千年，但求风雅。让生活慢一点、文明一点，感受精致与礼仪。在日常生活中融入艺术气息和文明举止，这就是东方美学的生活方式，也是中国自古被誉为“礼仪之邦”的底气。

漫画中国风：汉服漫漫谈，满满都是爱

中国风漫画是指蕴涵中国传统文化元素的原创漫画作品，具有深厚的文化底蕴；衣裙飘扬的唯美画风，表现中国绘画艺术独特的审美价值。

活动期间，展出由漫画家鹿玲满满为汉服文化周精心设计的汉服形象Q版人物、活动海报及相关中国风漫画作品，并特别展出其参考五代顾闳中的传世名画而创作的Q版《韩熙载夜宴图》。画卷中以漫画形式重现弹丝吹箫、清歌艳舞、调笑欢乐的热闹场面，人物造型俊逸生动、线条流畅、色彩明丽，兼具传统工笔的巧致严谨和现代漫画的呆萌可爱，别出心裁。

从古画中提取富含深厚文化又具传播性的元素，将复杂的人物服饰图案进行合理简化，将人物原本的神韵和“萌态”巧妙结合，“卖萌”的原创使传统名画一改以往“高冷范”，以新颖时髦的方式，让古画“飞”入寻常百姓家。

汉·潮水上T台秀

汉元素时装是以汉服作为灵感来源，与西式服饰体系相融合的时尚服饰，作为汉服的有益补充，表现出旺盛的生命力。

这是一场与众不同的服装展示，从形制严谨的传统汉服，到别具一格的汉元素，或端庄、或轻灵、或绚烂、或清丽，在舞台上各放光彩，展现汉服在当代多姿多彩的发展。结合江南水乡风情的水上T台，粼粼波光之中衣袂飘舞，分外夺目。

解读传统，应用符号，一脉相承的是天人合一与和谐共生的东方美学。为传统汉服注入新的生命，赋予汉元素以新的内涵，使传统文化得以在当代重焕价值，还世界一场活色生香的视觉饕餮盛宴。

汉服之夜：醉汉风，与时尚狂欢

放河灯是传统的祈福活动。穿一身汉服，放一盏传承之灯，五彩缤纷，满江辉煌。随着流水远去，把光芒带到远方，照亮前程。

在主会场上，香醇的黄酒与当地传统糕点携手助兴。有街舞，有汉唐舞，有二胡版的《青花瓷》，有不同唱法的《汉服青史》，有古风歌手倾情献唱，有汉服社团带来的茶道表演。节目精彩纷呈，观众时而载歌载舞，时而静静聆听，时而掌声雷动，时而热泪盈眶。

汉服之夜，是传承之夜，是时尚之夜。共同经历一场汉风时尚 welcome party，必不枉此行。 等历史转身回眸此刻，三百年前与三百年后的人，在灯火阑珊处相遇。

汉服好声音：乘着音符的翅膀

汉服好声音是第三届汉服文化周强力打造的音乐选秀项目，旨在展现汉服文化的时代风貌，并为华语乐坛挖掘一批怀抱梦想、具有才华的汉服音乐人。

本届好声音以金牌词人方文山、神曲教父刘原龙（老猫）、台湾时尚教母江怡蓉，以及著名音乐人王锦麟组成专业评审团，在现场对经由网络海选出的15名优秀歌者进行复赛与决赛的评分与指导。

汉服好声音全体入围参赛选手均穿着汉服参加比赛，参赛歌曲和演唱形式不限，有中国风、古风及流行音乐等类型，并有吉他、古琴等中外乐器同台竞音。汉服好声音鼓励传统与时尚交互碰撞，形成属于汉服自己的当代音乐风格。

主题曲征唱：天青色等烟雨，方周在等你

《汉服青史》是由方文山作词，周杰伦谱曲共同创作而成的，是汉服文化周的活动主题曲。

这首歌是方文山在创作上的又一次回归和绽放，结合周杰伦式流行音乐元素，含蓄深邃的意境和独特爆发力，让人不禁感叹中国风的恢宏大气和汉服的魅力情怀。方文山更携手刘原龙（老猫）、马智勇、崔恕等大牌音乐人加入评审团队。词曲一经面世，便有近千人参与报名。

站在通俗的流行领域，去推广较为严谨的传统文化艺术，成为“联系传统艺术与通俗文化间的桥梁”是方文山给自己的定位。《汉服青史》正是他用以唤起年青一代对传统文化的重视和那份久违的民族自豪感，体现出一种民族凝聚力和传承之心的力作之一。

汉服 BBQ

中国饮食文化博大精深，异彩纷呈，而烧烤也许是最古老的烹调方式之一。从新时期时代至先秦，烧烤一直是先民烹饪肉食的主流。随着历史的发展，烧烤的方式与种类也与日俱增，《齐民要术》专门列有“炙法第八十”篇，收录北魏及以前的二十多种烧烤方式。《明宫史 · 饮食好尚》记有“凡遇雪，则暖室赏梅，吃炙羊肉”。

第三届汉服文化周取法于古，布置了琳琅满目的自助烧烤饕餮盛宴，有猪牛羊肉、海鲜火腿、蔬菜水果、美酒饮料等各色美味。活动现场人头攒动，香气四溢。滋着热油的羊肉串，撒上孜然、椒盐，炊烟袅袅升起。再伴上激情的歌舞、温馨有趣的互动，场面十分壮观而欢乐。

秋风里，大快朵颐，纵情高歌，用欢乐来记录美好时光，汉服 BBQ 展现了汉服生活化、多元化的一面。

汉服微笑，笑出你的STYLE

谁说汉服就该待在博物馆？谁说汉服必须有一张古板严肃脸？端庄华丽是它的 Style（风格），文艺小清新是它的 Style，时尚运动也是它的 Style……

作为首届汉服文化周的预热活动，“寻找汉服微笑”千人汉服笑脸照片网络征集活动火暴网络。两个月时间，便收到上千张来自世界各地的照片投稿，不拘男女老少，不限高矮胖瘦，从东北到华南，从华东到西北，更有来自英国、美国、加拿大、澳大利亚、新西兰等国家的一张张饱含温情的笑脸。

汉服走遍世界，微笑拉近距离。汉服微笑征集希望每一个热爱汉服文化的人，每一天都能以积极的心态，将汉服文化以微笑的形式感染他人。

射：礼乐相和，传统射箭爱好者的盛会

射箭在中国有悠久的历史。子曰："君子无所争，必也射乎。"因此，对于华夏先民而言，射箭不仅用以捕猎与兵事，更是中华礼仪文化的重要形式，是我们民族气质、性格和思想的重要载体。汉服文化周重视射箭并进行了以下实践活动。

乡射礼，由主人、宾、司正、司射和乐工等组成，通过迎宾开礼、诱射、三番射、旅酬等程序进行。这项活动提倡"发而不中，反求诸己"，再现乡射礼的精义与德行引导。

传统弓射箭比赛，通过网络报名召集全国的传统射箭爱好者，穿着民族传统服饰，以传统弓箭为器材，使用传统主流射法，切磋技艺。

箭阵操演是根据历史相关记载，而综合整理的一套小队弓箭手作战套路操演，展现弓箭在战争中的使用方式，指挥的艺术，号令与纪律等，富有观赏性。

此外，还有草船借箭、传统弓箭研讨会等。形式多样、精彩纷呈的汉服文化周相关射箭活动越发成为传统射箭爱好者的年度盛会。

跟随小西和阿塘游西塘

本故事讲述的是刁蛮、任性，但心地善良、可爱的小西姑娘，在西塘古镇偶遇聪明、冷静的小说家阿塘先生，以及他们之间发生的一段啼笑皆非的爱情故事。

汉服花纹设计师小西姑娘慕名来到西塘古镇采风，找寻创作灵感。西塘历史悠久，人文资源丰富，自然风景优美，是古代吴越文化的发祥地之一。小西被西塘悠久的历史文化沉淀深深地吸引，一时走神，撞到了正在云游的小说家阿塘先生。两人都误会是对方撞了自己，互不相让。阿塘遇到刁蛮的小西，简直就是秀才遇到兵。后来两人不欢而散，本想永不相见，没想到在追寻西塘古镇美丽传说的路上，又频频相遇，闹出了不少笑话。一来二往，两个欢喜冤家暗生情愫。

一年一度的“西塘汉服文化周”到了，人们开始纷纷身着各式各样的汉服走上西塘古镇的街头，表达对传统文化和汉服文化的喜爱。人们在古色悠悠的西塘古镇里穿行，恍如隔世，古韵流芳。阿塘终于鼓足勇气准备在灯会的时候找到小西姑娘，向她说出自己的爱慕之情。他能否成功呢？到西塘——你就知晓后续的剧情了！

附录

汉服文化周及相关活动纪实

2010 年

12 月 1 日，方文山在新浪微博上连续发表三条博文，就“是否应该复兴传统汉服”进行投票，并对发起投票的缘由和汉服及复兴意义进行表达与解释。这三条微博引发了众多网友的广泛讨论。

2012 年

12 月 16 日，方文山发表《敬致汉服武林同道中人的千言书》，就举办“首届汉服文化艺术节”（即现在的“汉服文化周”）的缘由进行阐述，并向汉服同袍发出邀请。

2013 年

5 月 26 日，由方文山推动的“中华汉民族服饰展暨世界汉服文化周新闻发布会”在浙江嘉善县西塘古镇隆重举行。发布会由汉服集体成人礼展演开场，西塘镇党委书记郁伟华向方文山、溪山琴况、王育良、吴飞、方哲萱等颁发了汉服文化“杰出贡献奖”。来自海峡两岸的嘉宾和业内人士汇聚现场助阵祝贺，共襄盛举。

6 月 23 日，徐娇和方文山分别以汉服、汉服混搭造型亮相第十六届上海国

际电影节闭幕式，成为首次身着汉服走红地毯的两位明星。

10月4日、12月13日，由方文山执导的第一部长片电影《听见下雨的声音》分别在我国台湾地区和我国内地首映。影片由徐若瑄、柯有伦、释小龙、韩雨洁、徐娇等主演，以摇滚乐、古典乐的碰撞为基调，将青春、梦想和励志等标签性元素清晰地呈现出来。同时，影片融入了汉服、水墨画、韵脚诗等传统的中国古典文化，使得整部影片在风格上独树一帜。

11月1日—3日，第一届中华汉民族服饰展演暨汉服文化周在浙江嘉善县西塘古镇举办。此次活动共有370余名汉服同袍共同举杯完成了传统乡饮酒礼仪式，创造了世界人数最多着汉服参加乡饮酒礼的世界纪录。方文山携手周杰伦为活动打造了一首主题歌曲《汉服青史》，为汉服文化在流行音乐上的推广又迈进了一步。活动期间还分别举办了汉服高峰论坛、汉服百家论坛，并进行了传统射礼、唐婚仪式等活动。来自世界各地的参与人数达千余人，是汉服运动历史上首个参与人数破千的线下活动。

11月，方文山在全国三十多所高校开展“中国风创作与分享”的巡回讲座。他在分享自己电影、歌词创作的经验和历程的同时，也表达了用通俗艺术推广中华传统文化的见解。在北京大学、中国传媒大学、武汉大学、浙江工商大学等高校讲座期间，他还与校内汉服社成员进行互动交流，为观众带来传统服饰礼仪的文化盛宴。

12月6日—7日，汉式婚礼展演与箭阵表演亮相在福建省福州市举办的“首届中国海峡生活艺术品博览会”。现场参与者包括希腊、白俄罗斯、匈牙利等十多位西方国家驻华大使和中国台湾的各界名人。此次展演由北京方道文山流文化传媒有限公司携手汉服北京、福建省海峡传统文化研究院联手举办，是“汉服文化周”的延续活动。

2014 年

1 月 12 日—2 月底，由北京方道文山流文化传媒有限公司协办的第五届鸟巢欢乐冰雪季在北京国家体育场（鸟巢）开幕。整场活动引入中华传统文化及时尚互动的游艺项目。开幕当天，现场组织汉服走秀、箭阵表演、汉式婚礼演绎等活动。

5 月 19 日，由方文山总导演的“中国风”大型明星演唱会在河北沧州举行。演唱会以汉服元素作为符号，汉服首次出现在流行音乐演唱会的舞台上。

9 月 14 日，方文山为中央电视台数字电视书画频道《围炉艺话》栏目推出《汉服与现代生活》节目录制片头，发布汉服文化感言及“第二届汉服文化周”举办的时间。

9 月，由汉服文化周组委会组织的全国“汉服运动发展状况”问卷调查完成。该问卷分为国民卷、同袍卷和组织卷，并发布《2014 年汉服运动发展状况调查报告》。

10 月，由汉服文化周组委会编撰的《当代汉服文化活动历程与实践》完成。本书辑录自 2003 年以来汉服文化活动历程、名家思想与研究、全国汉服组织名册等，为汉服同袍与相关研究者提供了良好的参考。

10 月 29 日—11 月 3 日，“第二届中华民族服饰展演暨西塘汉服文化周”活动在浙江西塘古镇举办。本届文化周以“朝代嘉年华”开场，以扮演、舞蹈、书法等形式展示中华民族流行于不同朝代的传统服饰、历史人物和文化典故。在开幕式上，方文山与主办方代表一起揭幕。以五色土为基，众人撒下来自世界各地的四方土，种下汉服文化树，合两岸融合之心和传承决心的深意。此外，文化周还举办了主题为“与方文山对话汉服”的青年论坛、箭阵表演、耆老孝祝、四美游河、河灯祈福及汉潮 Party 等活动。这是一场着眼于文化传承的视听盛宴，为传统文化爱好人士和游客带来别开生面的文化享受与非比寻常的精彩体验。此次

活动参与人数近三千人，与往年相比呈上升趋势。

12月26日，由方文山作词并担任MV导演的《天涯过客》在西塘古镇进行拍摄。在MV中特别植入汉服元素，不仅邀请200多位身穿汉服的人们参加演出，周杰伦也穿上汉元素服装。该MV收录在周杰伦第13张专辑《哎呦，不错哦》中。

2015年

2月27日，“欢乐春节北京文化庙会·台北之旅”在台北花博园舞蝶馆正式启动。由北京方道文山流文化传媒有限公司、北京汉服协会与如梦霓裳汉服带来的汉服展演，倾情演绎了汉唐风采。

4月18日，“中国献王首届汉文化节启动仪式暨乙未年献王刘德春祭大典”，在河北沧州献县纪念园举行。方文山作为监礼官参加了祭奠仪式，并撰写了《献王谣》的歌词。

9月16日，方文山受邀参加在北京召开的“APEC青年创业家峰会”，并做了“传统文化与流行音乐”为主题的演讲。当晚，他携手汉服同袍进行了以“汉·潮”为主题的汉服展示，展示以汉、唐、明之传统礼服呈现华章礼乐之美，并有箭阵操演穿梭其中。

10月31日—11月3日，“第三届中华民族服饰展演暨西塘汉服文化周”在浙江西塘古镇举办。除了延续朝代嘉年华、高峰论坛、箭阵表演等环节之外，还首次增加了水上嘉年华、汉·潮水上T台秀、汉服BBQ、汉服集体婚礼、国学·四艺等环节，以及全国首届西塘杯传统射箭邀请赛和“汉服好声音”两个赛事环节，展现了汉服生活化、多元化的一面，也让越来越多的年轻人真正地加入进来。此次活动的参与人数近五千余人，是迄今为止参与人数最多的汉服活动，并助力西塘景区，荣获2015中国旅游总评榜“2015年度最受游客欢迎景区奖”。

12月20日，浙江西塘古镇西园景点内开展了一场以“雅集西园·情暖冬

至”为主题的冬至雅集活动。举行明式婚礼展示、解读传统冬至相关习俗、绘制九九消寒图、包饺子和包汤圆等活动，让更多游客参与和体验传统民俗，深入了解汉服文化。

2016 年

4 月 16 日，“中国献王第二届汉文化节暨丙申年春祭大典”在河北献县文化园内隆重举行。此次活动不仅有祭祀大典、箭阵表演、汉式婚礼、拜师礼、酒道表演等多项传统仪礼的展示，还有射箭、投壶和汉服试穿等体验，吸引了上千人参与活动。此次活动由北京方道文山流文化传媒有限公司、北京华人版图文化传媒有限公司协办。

汉服文化周，感谢你们的参与

——组委会的感谢信

各位同袍，你们好！

由方文山老师发起的“汉服文化周”三天的活动如今告一段落，主办方紫天鸿、承办方方道文山流和组委会全体工作人员，向到场及默默支持的人道一声感谢！

感谢你们不辞辛劳，从五湖四海远道而来。最远的同袍跨越了整个亚欧板块，抵达西塘古镇支持并参与了“汉服文化周”的活动。我们感怀于心、感恩于心，是你们的热情浇灌了西塘这片热土，在中华大地上多出一个为汉服动容的古镇。

从发起策划起，工作人员开始了长达一年的来回奔波，为了汉服，为了同袍们，为了参与者……因为批文的延误，以致原本于2013年5月举办的“汉服文化周”延迟至2013年11月。我们焦灼地在企盼、在等待……所幸，因为同袍们的宽容及理解，我们一起携手走到了最后——整场现场活动取得了圆满成功。

每一位参与者、每一位同袍，你们的身影都深深地留在我们的脑海里。从工作人员到地筹备开始，组委会办公室灯火彻夜未熄。来自台湾地区的紫天鸿团队

更是早早在主会场搭设舞台、调试设备。原计划于10月31日深夜抵达的方文山老师，坚持于10月31日下午便到达了会场。他站着与同袍们一起完成了整场彩排，并向在场逾五百位同袍承诺未来三天将和大家一起穿着汉服，正面迎接世界的目光。接下来三天，尽管天空飘起细雨，方老师仍然积极与同袍一起经历，并且虚心学习汉礼，坚持以汉礼接待各位参与者。

有一句话，方文山代表所有工作人员喊在所有人的心里："这是我的使命。"

有记者问方文山："为什么坚持把汉服元素加入电影当中，不怕电影票房冷门吗？"他回答说："那么多同袍穿着汉服不怕世界的眼光，我为什么要怕？"

感恩于心、感怀于心。彩排当天，从下午一直到晚上，冷风贯穿主会场，一遍又一遍的彩排，是对同袍的负责，对汉服的负责，所有工作人员与你们同在。11月1日，世界都将铭记这一天，汉服第一次进入世界吉尼斯纪录，现场五百余名身着汉服的同袍及工作人员鼓起掌来。为留下这完美的一刻，方文山老师主动提议和每一个志愿者合影。第一晚欢迎晚会，这一夜是时尚与传统的碰撞，当《汉服青史》响遍西塘，不少同袍也跟着吟唱起来。他们挥舞着自己的双手，将欢乐和激情延续。第二晚，方老师亲自宴请大家，并在酒店大堂一一向同袍们敬酒，每一句感谢都发自内心，情感融于酒水。宴会结束后，方文山亲自带领大家一起到活动主会场观看《听见下雨的声音》幕后花絮，他全程坐在同袍们身边。此时，天空中飘起了细雨，他与诸位一同感受——听见下雨的声音，听见汉服的声音。活动期间，西塘的商家也亲切地招呼同袍，仿佛汉服从未断代，那一句"致我们终将兴起的汉服"更是让人感动。

汉服的历史在延续，《汉服青史》也在延续。你们的身影都将被录入《汉服青史》的MV，真正为世界所铭记。

各位同袍，我们听得到你们的声音，也能看到汉服美好的未来。我们未曾惧怕任何流言蜚语，只愿汉服、汉礼能够真正被世界看到。

我谨代表主办单位及组委会表示感谢！相信众志成城的力量，相信华夏民族的传承之力，必将使汉族服饰礼仪文化得到弘扬。我相信那一天会很快到来，不会太远。

希望这股民族凝聚的力量能够延续下去，希望汉族服饰礼仪文化能够薪火相传，在中华大地上燃起更多星星之火。这是我们由衷的心愿。

“汉服文化周”组委会敬上

2013 年 10 月 5 日

来自组委会的感谢信

经过大半年的筹备，才看到了些许微光。

收到“第二届汉服文化周”确定要举办的消息，首届组委会再度燃起希望，各岗位人员纷纷就位。

汉服文化周活动的标准之高、影响之大，也代表了这样的文化活动深受大家的喜爱。我们的文化创意是国内之创举，不断被人借鉴，也正说明了这项活动的魅力。

无论是第一届还是第二届，汉服文化周都在世界范围内引起了不少的热潮。整场活动没有收取一分钱费用，游人身着汉服在景区内更是畅游无阻，可以免门票、免费景点参观、免费乘游船。

中国内地，这样世界性的大型传统文化活动少之又少，我们做到了。

能将活动新闻推广到世界媒体，我们做到了。

将这个活动作为节日去继续、去支撑，我们做到了。

有方文山这样的一位文化名人不遗余力地去支持和推广，而且邀请更多名人去支持，我们做到了。

这样的活动没有联合任何西塘商家，各位商家却自主和自发地给予汉服同袍

联盟优惠，我们做到了。

一个活动，从首届召集之日就饱受争议，直到两届的开展，不离不弃，以信任、宽容和信心去维持，我们做到了。

第一届是世界纪录，第二届是朝代嘉年华，不同文化环境中其他国家有的，我们也做到了，而且更加具有创意。

用心、用力，不计劳苦，有鲜花也有泪水，参与其中，我们甘愿如此。不曾荣耀加身、卫冕加冠，这些辛苦的志愿者着实是最普通的人。他们没有怨言，期许满意就是全部。

虽然是星火，也愿星火燎原。诸位看到的是结果，而我们以弘扬传承文化经典之姿走了一遍又一遍过程。时尚流行加诸其上，一首《汉服青史》，一年一度只为全新展现。

感谢主办方浙江西塘旅游文化有限公司，承办方北京方道文山流文化传媒有限公司，协办单位和支持单位，汉服文化周组委会，活动工作志愿者，各地社团和个人的支持……感恩及感谢！

有小部分人在指责我们做得不够好的时候，我们认真在看。我们不回应，因为我们仍一直在努力，坚信明年做得会更好。

期待“2015 第三届汉服文化周”再见面！

汉服文化周组委会谨代表上述单位

向诸位支持我们的单位和个人敬上

三年比肩，感谢依旧
——组委会的致谢信

从第一届的世界纪录、第二届的朝代嘉年华，到第三届……我们走过了漫长的三年。三年来，我们一直秉守最初的诺言，让汉服文化得以普及、让大众认识，让传统文化得以推广。每一年，我们都在进行不断的创新，从汉服与哈雷机车，到汉服与历史人物，再到汉服亲近古镇，做很好的生活化的结合……每一步都在前进，虽然尝试，但我们的勇气始终所向披靡。这一届，我们大胆将射箭比赛、草船借箭、国学·四艺、糖画文创等项目放入活动中，作为传统文化产业的延伸。而汉·潮水上 T 台秀、汉服好声音则将汉服带入通俗时尚的世界，让我们重视这一文化，不只用眼睛，还能用五官来欣赏。

我们知道，每年在西塘古镇举办这一活动，让来自世界各地几千名参与者同一天汇聚西塘。如此浩大的任务每年竟然都能在短短几天便能完成，正是你们对我们的信任，使这一文化符号不断得以强化。

正是面对这样的信任，我们才更不敢放松自己，唯有以努力和成长报答各位

的信任。每一年我们不仅在挑战创意，更在挑战自己的内心。项目持续的时间，从三天扩展到五天，从二十几项增加到三十多项，填充的也不仅是活动本身，更多的是丰富了汉服文化周的灵魂。你们来，大风大雨我们都欢迎。希望每年的西塘，能够因为汉服，成为真正汉服生活化的实践基地，让我们看到三百年前和三百年后交错的、宽容的模样。我们会继续推动汉服文化与传统文化的复兴，因为我们血浓于水，一脉相承。

感谢你们都在，感谢风雨与共，感谢这长达九天八夜的温存依旧，感谢你们！

第三届汉服文化周组委会敬上

2014年汉服运动发展状况调查报告（节选）

汉服调查小组　整理编辑

自2003年以来，汉服运动在全国范围内如火如荼地发展。然而迄今为止，针对汉服运动发展现状的研究却大多无数据支撑。目前，网络上所见到的最新的数据，是由吴勇网络抽样取得1080份，针对商业发展和同袍的综合性论述。汉服调查对推动汉服及传统文化重建，构建沟通管道与合作平台，促进各地汉服组织建设及同袍个人成长、社会各界对汉服复兴运动的了解均具有极其重要的意义。因此，开展汉服运动发展状况调查，是十分必要和适时的。本调查是在汉服认知相关问题基础上拟出的三份不同的问卷。抽样对象包含大众、同袍和汉服组织，问卷于2014年10月初才全数收集完成，是目前有关汉服调查研究对象最多、问题范围最广的研究。它所提供的汉服资料最多，也是最新的。希望这份调查的结果，可以为关心汉服的人和组织，提供及时、全面的有关汉服运动发展的信息。

一、调查目的与程序

本次问卷希望通过开展汉服运动发展现状调查，及时、全面和准确地了解汉服运动发展的总体状况，获取社会对汉服的态度倾向，为汉服运动相关建设提供科学的依据和合理化建议。对调查成果实行信息化、网络化管理，实现资源信息的社会化服务，满足汉服运动当下及未来发展的需要。通过问卷，我们大致可以了解以下方面内容。

（1）国民对汉服的认知和认同状况。

（2）汉服同袍的认知成长状况。

（3）全国各类汉服组织的建设发展状况。

问卷内容经过调查小组讨论，提出修改建议而成。问卷抽样与发放程序如下。

（1）首先，问卷公布于网络（汉服荟网站）上，以问卷地址分享的形式请人填写。

（2）大众与同袍问卷链接分享后，由网友自己选择一个问卷填写；组织问卷由调查小组成员联系各地组织负责人填写。

（3）问卷调查为期四周时间，并进行统计。

现代人多以网络连络为主，问卷经由 IP 分享，填写问卷者的主动性较高，但也由于网络的局限性，受访者可能多来自汉服圈的网络关系。虽然抽样未臻圆满，但其结果仍具有相当的参考性。

二、问卷结果

（一）大众与汉服同袍对汉服的认识与发展情况

大众问卷共收到有效问卷为 1436 份，男女比例为 31∶69；汉服同袍共收到

有效问卷为2743份，男女比例为25∶75。虽然两份问卷男性占比都在三成左右，但要特别说明的是，此调查并不表示目前社会参与汉服同袍，或者大众对于汉服有兴趣的性别比例。在大众与同袍中，回复问卷者中汉族均超过95%，这与中国汉族人口达92%的比例相符。

同袍对于汉服的认识较深入。虽然一般民众有高达88%清楚汉服是汉族的民族服装，此认识对于汉服的推广条件是有利的，但仍有一成的民众将汉服视为古装和汉朝服饰，存在错误的认知。问卷引百度介绍："汉服，全称是'汉民族传统服饰'，又称汉衣冠、汉装和华服，是从黄帝即位到公元17世纪中叶（明末清初），在汉族的主要居住区，以'华夏—汉'文化为背景和主导思想，以华夏礼仪文化为中心，通过自然演化而形成的具有独特汉民族风貌性格，明显区别于其他民族的传统服装和装饰体系。"在引导民众是否有兴趣对汉服进行进一步的了解时，虽有56%的人表示有兴趣，但持无所谓和没兴趣的人的总数也高达四成。看来在吸引民众对汉服兴趣上，尚有待努力。

关于认识汉服的途径方面，同袍在"在网络上无意遇到"选项上，比例高达43%；其次是"有意识地去查阅传统文化从而了解到"27.3%；大众的选项则两者差不多，后者为28.6%，前者为28.3%。结果表明，网络是现今人们接触、了解、宣传汉服的最主要管道，大众以"有意识"查阅的信息，似乎也透露出汉服文化的推广更应该深植于文化。在两个调查对象中，在"身边有汉服同袍，他们的推荐介绍"均占一成。从汉服同袍群组中了解到：有九成以上同袍都有向朋友介绍汉服的意愿。其中，2/3的人已经付诸行动，另外有1/3的同袍则等自己了解、做好心理准备后再进行。大众从古装剧中了解到汉服的仍有7.7%。虽然说古装剧因戏剧演出有误导之嫌，从另一角度来看，古装剧仍扮演着提供大众对古代服饰的认识机会。

约近八成的大众认为，汉服运动是在：① 弘扬传统文化、复兴文明（38%）；

② 提倡社会文明（26.4%）；③ 古典、唯美（22.6%），表现正向内容。不到一成的大众则认为汉服活动具商业化、形式化的作为。如果我们从汉服同袍的角度来了解喜欢穿着汉服的理由，发现主要有以下几方面原因：汉服所蕴涵的传统文化魅力（27.6%）；民族归属感（25.9%）；喜欢古典文化（22.8%）；以各种审美观为由者占 15.8%；还有以拉动商业为由者，但极为少数。从上述数据可以清楚地看到，汉服运动的推动动机与国民所感受的一致性是很高的。

汉服作为国服一直是受到争议的，问卷在设计上，以正方和反方的模式了解国民对此问题态度。正方为“汉服是中国主体民族的传统民族服饰”，反方为“不赞成设置国服，但如果一定有，那一定是汉服”。以坚持汉服为国服唯一性的总和，在大众方面为 66%；而同袍则多出了 11%，77% 的同袍拥护汉服为国服。以“赞成，但汉服需要融入其他少数民族的特征”“不赞成，但国服可以加入汉服元素”两个选项显示包容性意见时，汉服同袍中仅有 11% 的人同意融入其他民族元素，而大众则有 31.6% 希望加入其他民族元素。更进一步问汉服同袍对于“汉服作为中国学位服”的意见时，与国服意见显示一致，有 76.5% 的人表达赞成观点。

在前面我们了解到回复问卷中，虽有一半以上大众显示对汉服有兴趣，但一旦真的要穿上汉服时，却仅有 17% 的人会穿；有八成左右是只敢在家里穿或外穿拍照，其余则表示根本不会穿。同时，大众认为较适合穿着汉服场合为毕业、结婚等人生仪式、民俗活动和传统节日，都在 10%~15% 之间；其他以在家里、文艺演出、拍摄写真等场合为 6%~8%；适宜在所有场合穿仅占所有选项中的 6%，在十个选项中排名第八。

在调查中，有 80.4% 的汉服同袍参加过汉服组织举办的线下活动。其中，有假期才去的占 46.4%；看对该活动的兴趣的占 25.9%；即使请假也会去的汉服热衷者则占 12.4%；几乎不参加者仅占 4.7%。至于如何评价同袍自己参与汉服活动，以继承弘扬传统文化最高，占 34.2%；其次为有成就感和归属感，占 15.4%；认识很多朋友占 15.1%。归属感和交朋友排第二和第三，这个现象非常有趣，实现自己的价值则排到第四，仅占 13.4%。

76.2% 的国民和 87.1% 的汉服同袍都认为，有必要在全社会推广汉服，但也有接近两成的大众觉得是否推广无所谓。整体来说，到目前为止，汉服（运动）仍处于推广期，除汉服同袍外，大众虽认同汉服文化的传统与民族性，但对于实践仍有相当的距离，甚至有些人仅止于观看。对于汉服推广，如何走近一般民众、如何让汉服回到汉族民众的生活，从本问卷可以看出，这或许是汉服运动应思考下一步的工作重点。

（二）全国各类汉服组织的建设发展状况

第三份问卷参与调查的汉服组织共有 184 家（母体数约有 480 家）。在样本中，仅有 28% 有注册登记，其活动主要分布在自己所在的城市内（53.8%）和校内（26.3%）为多，占八成；可以将活动扩及省、全国、国际，跨区域的并不多。目前，汉服组织也都以城市、校内组织居多，有跨区域统合能力的毕竟是少数，还有些是网络组织，并无实体单位。另外，从调查中也了解到，因为组织性质，除了学校和单位提供之外，有高达 63% 的组织并无长期固定的办公场所；而这些临时性的场所有些是成员或创办人私人提供的地方，需要时临时借用。无独立办公场所的占 46%。组织财源主要来自会费（27.7%），其次是负责人捐赠（18.8%）、会员捐赠（17%），来自政府和学校的资助仅达 9.8%。从中可以看出，多数组织的创立与运作，多来自创始人和会员的热诚，学校资助拨款对于校园组织是一大特色形式。一般情况下，要取得政府的支持是比较困难的。

由于汉服组织多属于民间组织形态，因此在组织决策与负责人的选举时，

八九成是以民主程序进行的。部分组织赋予负责人（创办人）的权力较大，基本是负责人说了算；在负责人的产生方式，也有业务管理指派的情况，但只限于少数几个组织。

汉服组织经常性举办的活动以传统节庆（19.8%）、雅集聚会（18.2%）、祭祀礼仪（14.5%）为主，部分为展览讲座（11.7%）和兴趣培训（11%）。其他如大型活动、文娱赛事和考察参展的占比，都在7%以下，调研、出版、经营实体寥寥无几。若参照大众与同袍参与活动的意愿和评价，汉服活动举办的形式可能还是其次，主题与时间和场合是更为关心的；另一方面，民间汉服组织各方条件和资源有限，也是造成其活动无法开展的原因。诚如在问卷中，如汉服团体认为组织全面健康发展面临的主要障碍的项目中，可以看到：经费问题（26.4%）、工作人员能力问题（22.7%）、社会认可度不高（16.4%）是影响组织全面发展的三个重要原因。

大多数社团在经营上很务实，而且对提高自身运作能力感兴趣，认为管理能力对汉服组织运作是最重要的。调查数据显示，日常运作管理能力（23.6%）、组织动员会员能力（23%）和创新发展能力（18.6%）在汉服组织眼中，是最有助于社团经营的能力；而对同一行政区域有两个以上同业的社会组织，在对于彼此组织发展利益的意见中，认为有帮助的占56%，认为没有帮助的占18.11%。

运动可以成为一个气候，必须从一个点开始，由点及面。汉服运动的发展是由一个国民自发意识的行动，唤醒多数人齐聚同袍，再以组织运作，这是我们所见到的实践过程。虽然这份调查不能提供汉服发展现况的全貌，但它是一个开始，而且是一个有组织、有计划的推动。调查结果似乎也不能做出趋势性的预测，但它为汉服调研打下了基础。我们大可以预见汉服运动的前途是光明的，我们已经启动，并行进在路上。

大众问卷（摘要）

1. 您的性别是：

   □男　　□女

2. 您的民族是：

   □汉族　　□ ______ 族

3. 您知道什么是汉服吗?

   □汉服是古装　　□汉服是汉朝的服装

   □汉服是汉族的民族服装　　□不了解

4. 据百度百科介绍，汉服，全称是“汉民族传统服饰”，又称汉衣冠、汉装、华服，是从黄帝即位到公元17世纪中叶（明末清初），在汉族的主要居住区，以“华夏—汉”文化为背景和主导思想，以华夏礼仪文化为中心，通过自然演化而形成的具有独特汉民族风貌性格，明显区别于其他民族的传统服装和装饰体系，是中国“衣冠上国”的体现。

   如果您有机会，是否有兴趣对其进行进一步的了解?

   □很有兴趣　　□无所谓　　□没兴趣　　□厌恶

5. 您是通过什么途径认识汉服的？

□在网络上无意遇到　　□古装剧

□在传统媒体（非网络）上看到关于汉服活动的报道

□听别人谈起，非同袍的朋友推荐

□现实中看到汉服活动或穿汉服的人

□有意识地去查阅传统文化从而了解到

□身边有汉服同袍，他们推荐介绍

□其他

6. 您是如何看待汉服运动的？

□形式主义　　□商业利益驱使

□提倡社会文明　　□弘扬传统文化、复兴文明

□古典、唯美　　□复古穿越

□其他　　□不知道

7. 您赞成汉服作为国服吗？

□赞成，汉服是中国主体民族的传统民族服饰

□赞成，但汉服需要融入其他少数民族的特征

□不赞成设置国服，但如果一定有，那一定是汉服

□不赞成，汉服不能作为国服

8. 您赞成汉服作为中国学位服吗？

□赞成　　□无所谓　　□不赞成

9. 如果提供机会与条件，您会穿汉服上街吗？

□会　　□不会，只敢在家里穿或外穿拍照　　□不会，坚决不穿

10. 您认为什么场合适宜穿汉服？（可多选）

□文艺演出　　□拍照写真　　□参加宴席　　□国庆节等重大日子

□传统节日　　□家里　□民俗活动　　□日常生活

□毕业、结婚等人生仪式　□全选　　　□其他

11. 您认为是否有必要在全社会推广汉服？

□有必要　　　□无所谓　　　□没有必要

同袍问卷（摘要）

1. 您的性别是：

   □男　　　　　　　　　□女

2. 您的民族是：

   □汉族　　　　　　　　□ _______ 族

3. 您是通过什么途径认识汉服的：

   □在网络上无意遇到

   □在传统媒体（非网络）上看到关于汉服活动的报道

   □听别人谈起，非同袍的朋友推荐

   □现实中看到汉服活动或穿汉服的人

   □有意识地去查阅传统文化从而了解到

   □身边的汉服同袍推荐介绍

   □其他

4. 您为什么喜欢汉服？（限选三项）

   □汉族人，民族归属感　　　　　□汉服所蕴涵的传统文化魅力

   □保持体形，掩盖缺陷　　　　　□穿汉服的帅哥美女多

□美观，符合审美观　　□单纯喜欢汉服本身

□宣扬个性，喜欢被关注　　□影视剧里服装很美

□支持国产，拉动刺绣等内需　　□喜欢民族服装

□喜欢古典文化　　□其他

5. 您会将汉服介绍给身边的人吗？

□会，一直都在宣传

□会，等自己了解 / 做好心理准备后进行

□不会，被拒绝变冷漠了

□不会，我自己玩就好了

□其他

6. 您赞成汉服作为中国国服吗？

□赞成，汉语、汉字都可以称为国家官方语言文字

□赞成，但汉服需要融入其他少数民族的特征

□不赞成设置国服，但如果一定有，那一定是汉服

□不赞成

7. 您赞成汉服作为中国学位服吗？

□赞成　　□无所谓　　□不赞成

8. 您认为是否有必要在全社会推广汉服？

□有必要　　□无所谓　　□没有必要

9. 您是否参加过汉服组织举办的线下活动？

□是　　□否

10. 您觉得下面哪些说法能较为准确地评价自己参与汉服活动这一行为？（限选三项）

□继承弘扬传统文化

□实现自己的价值

□有利于专业学习或所学知识的运用

□认识很多朋友

□有成就感和归属感

□流于形式，缺乏实际意义

□对个人的影响不大

□对社会的影响不大

□占用时间太多，影响了学习、生活和工作

□其他

组织问卷（摘要）

1. 贵组织属于哪个组织类别？（请在□内打“√”）

类 别	性 质	名 称
登记注册组织	企业组织	□独资企业 □合伙企业 □公司制企业 □其他
	民间组织	□社会团体 □民办非企 □基金会 □涉外组织
	校园组织	□汉服类 □国学类 □文学类 □综合类 □其他
	网络组织	□网站 □贴吧
	其他（请具体说明）	
未登记注册组织	社会团体	□社团协会
	商业组织	□工作室 □淘宝店
	网络组织	□ QQ 群 □网络刊物 □网络团体 □其他
	其他（请具体说明）	
其 他	挂靠组织	所挂靠组织名：

2. 贵组织主要活动于以下哪些范围？

□校内　□市内　□省内　□国内　□国际　□跨区域

3. 贵组织的办公场所来源是：

□自有产权　□租赁使用　□政府 / 学校提供

□挂靠单位提供　□会员企业提供　□组织领导或成员家中

□临时借用　□无独立办公场所

4. 贵组织设置了下列哪些组织机构：（可多选）

□会员大会　□会员代表大会　□理事会　□常务理事会

□监事会或监事　□专家委员会　□其他

5. 贵组织的负责人（正副会长 / 正副理事长）的产生方式：

□业务指导单位直接任命

□业务指导单位提名，等额选举产生

□前任会长（理事长）或理事会提名，会员大会或理事会等额选举产生

□会员大会或理事会差额选举产生

□根据会费 / 赞助费的缴纳数额排序决定

□其他

6. 贵组织的主要收入来源：（可多选）

□会费　□社会捐赠　□开办经济实体所得

□服务收入　□政府 / 学校资助　□商业赞助

□会员捐赠　□负责人捐赠　□其他

7. 贵组织开展活动的主要方式有：（可多选）

□传统节庆　□展览讲座　□兴趣培训

□大型活动　□雅集聚会　□调研咨询

□考察参展　□出版刊物　□经营实体

□文娱赛事　　□祭祀礼仪　　□其他

8. 您认为组织全面健康发展面临的主要障碍有哪些？（限选三个）

□不合理的政策限制　　□税收优惠政策少，且执行不到位

□管理和监督机制不完善　　□内部治理机构不合理

□社会对社会组织的认可度不高　　□工作人员的专业能力不足

□经费保障有限，缺乏财政支持　　□政府职能转移力度少

□其他

9. 您认为以下哪几个方面管理能力对贵组织是最重要的？（限选三个）

□对社会组织的日常运作组织管理的能力　　□组织动员会员的能力

□对社会组织的把握与认知高度　　□开发有偿经营项目的能力

□谋求组织创新与发展的能力　　□提高为会员服务的能力

□提高与政府的协调能力　　□把握政策环境的能力

□其他

10. 您认为在同一行政区域允许成立两个以上同业的社会组织，允许一定范围内的竞争，有助于社会组织的发展和企业的利益吗？

□很大帮助　　□有较大帮助　　□有一定帮助

□没有帮助　　□说不清

2013 第一届中国西塘汉服文化周
组织名单

（排名不分先后）

主办单位

浙江嘉善县西塘镇人民政府

承办单位

嘉善康辉西塘旅游置业开发有限责任公司

嘉善西塘古镇保护与开发管理委员会

天鸿地产

北京方道文山流文化传媒有限公司

北京紫天鸿文化发展有限公司

浙江西塘旅游文化发展有限公司

康辉旅游

协办单位

橘子整合行销公司

北京鸟巢风采文化有限责任公司

北京舞吉星文化传播有限公司

林俊廷艺术工作室

多米时尚

杭州柏菲特文化艺术策划有限公司

杭州见山堂文化策划有限公司

杭州华粹文化有限公司

睚眦工作室

福建龙翔宇天传媒有限公司

汉服网

新浪汉服微吧

百度汉服贴吧

北京汉服协会

温州汉服协会

南京华夏传统文化传承社

嘉兴华夏未央汉服社

英伦汉风

中华汉韵社

醒狮国学

汉晴画轩

学术支持

中国艺术研究院

中国书法院

故宫出版社紫禁城杂志

中央民族大学民族博物馆陈列部

活动支持

成都述帛汉服工作室

十德香馆

福建文化创意产业发展研究院

如梦霓裳汉服工作室

姜妹茶叶有限公司

西塘花制作服装设计工作室

西塘乌托邦

联想集团

国韵盛世文化传媒股份有限公司

杭州道亨广告有限公司

吉尼斯世界纪录指定用酒

古越龙山

吉尼斯世界纪录汉服执事服饰提供

上海诗礼春秋

文创商品支持

两岸文创国际有限公司

故宫文创（中国台湾）

中华邮政（中国台湾）

台盐实业（中国台湾）

媒体机构

《光明日报》、东森电视、搜狐网、凤凰网、环球网、中国新闻网、新华网、人民网、网易、新浪网、腾讯网、奇艺网、21CN 娱乐、YES 娱乐、乐视网、激动网、酷 6 网、56 网、六间房、播视网、华数 TV、新蓝、土豆音乐、九天音乐、中国原创音乐基地

独家视频

YOUKU（优酷）

特别感谢

文化部、中华文化联谊会、中华文化总会、台北故宫（中国台湾）、浙江省人民政府、浙江省文化厅、嘉兴市人民政府、嘉善县人民政府、嘉善县文化广电新闻出版局、嘉善县旅游局、嘉善县西塘镇人民政府、中央民族大学民族博物馆、国家体育场（鸟巢）、CCTV—4、CCTV—9、杭州电视台中文频道、福建广电集团、东森新闻亚洲台（台湾）、西塘风雅颂客栈、杭州纳兰美学化妆、185CREW、西塘假日酒店、嘉善县摄影家协会

2013 第一届中国西塘汉服文化周 工作团队

活动主委：郁伟华

总策划：方文山

总制作人：黄崇明、林成、张耀辉、陆勇伟、陈广松

总导演：阙聪华

执行导演：刘筱燕、欧阳颖宜、郑原良、陈广泰、林珈妤、王玮、陈黛薇

活动策划：张耀辉、陈广松

行政统筹：怀红霞、李昀、钟强

演出协调：闫超强、张茉

论坛统筹：万信显、何晓军（晴空）、牛恒昌（小白）、许宏、徐展

社团统筹：何晓军（晴空）、牛恒昌（小白）、周圆（东晋上虞）、皇甫月骅（魁儿）、白泽、许檬（子雨）

非物质文化遗产统筹：倪学庆

网站首页书法：杨涛

平面摄影：郭肇舫

福龙影像设计：林俊廷艺术工作室

媒体协调：钟思潜、孟苗、丁洁

文案统筹：刘筱燕、马智勇

舞美统筹：李昀

服装统筹：皇甫月骅、杨娜

工作服统筹：花制作、欧阳仲华

Logo 设计：JACKEI 陈、刘筱燕

舞台总监：梁跃虎、李娜

美术创意编辑：杨祥玉、游昭治

视讯制作剪辑：陈俊甫

音乐总监：叶佳修、刘原龙（老猫）

漫画设计：汉晴画轩、阎精晶（小妖）

网站制作：旷视设计

纪录片小组：黄天欣、林亮君、吴靖双

新闻组：丘馨文、黄德武、周圆（东晋上虞）、白泽、许檬（子雨）、牛恒昌（小白）、王曼灵、李博伦

宣传组：李季桐（行走）、何紫朗（衍）、王玉媛（二分月）、叶昱辰（天羽）、王智瑄（沁璇）、高乃心（凝眸）、王洁清（红妆殇）、陈心怡（风回雪舞）、缪程程（程程）、来洁楠（来来）、金亦佳（大佳）、张燕（燕燕）

接待 1 组：赵倩（横艾）、陈婕（灵雪）、金涛（逸诗）、宋令禧（木之）、殷文成（大筑）、张媛（则宁）

接待 2 组：王雯雯（子初）、何兵（若兮）、张贤伟（浅景梦）、张跃（随缘）、

王先冲（燎原）、曾晴（晴子）、潘康蓉（未央）、张晨晨（江小南）、张敬思（阿司）、赵倩（未歇）、王玥（初十明媚）、贾淑君（灰羽）、陈赛萍（清娴）、徐海宁（曼沙）、张小芳（楚楚）

2014 第二届中国西塘汉服文化周
组织名单

（排名不分先后）

主办单位

浙江西塘旅游文化发展有限公司

承办单位

北京方道文山流文化传媒有限公司

协办单位

识颜国际有限公司（中国台湾）

两岸文创国际传媒有限公司（中国台湾）

汉服北京

温州市汉服协会

汉服微吧

杭州华粹文化

杭州艺芸文化有限公司

2014第二届中国西塘汉服文化周

工作团队

发起人：方文山

活动策划制作：陆勇伟、陈广松

导演：刘筱燕、郑原良、林珈妤、张建文、曾依虹、陈广泰

活动总编辑：刘筱燕

统筹：钟强、刘筱燕

艺术总监：江怡蓉

音乐总监：刘原龙（老猫）

节目统筹：闫超强、张茉、马智勇、程小伦

婚礼指导：李晓璇（银匠）

服装：吴佳娴（黑猫）、王春宇

汉服统筹：月怀玉（如梦霓裳）

论坛统筹：何晓军（晴空）、周圆（东晋上虞）、赵梓含

社团统筹：何晓军（晴空）、皇甫月骅（魁儿）、白泽、许檬（子雨）、易海涛（月

衣）、王玉媛（二分月）

网站首页书法：杨涛

媒体统筹：钟思潜、孟苗、王燕生

舞台总监：钟晓生

美术总监：陈雪飞（雪飞）

视讯制作剪辑：刘国立、陈晓东、范斌、刘顺超

人偶设计：林丽华（鱼鱼）

网站制作：旷视设计

新闻组：周圆（东晋上虞）、白泽、许檬（子雨）、王曼灵

活动会务：程程（辰辰）、李季桐（行走）、张燕（燕燕）、金亦佳（大佳）、鲜玉婷（桢楠）、百合正殿、王玉媛（二分月）、王洁清（红妆）、陈娇（馥贝贝）、晋曦（瑾爔）、郭晨曦（晨曦）、何思悦（水湄）、高乃心（凝眸）、李梦婕（夜舞翩翩）、天羽、梦亦天、何紫朗（天衍）、刘止少、赵玥（太阳之子）、季雨（巫塲）、张志冬（月熊）、郝尔涛（霜林）、张玲玲（阿古）、陈灵（雨弱）、杨彩云（段尘）、王若怡（安安）、王雯雯（子初）、王颖、冯秀锦（冯竹婉）、熊书宇（九世为妖）、张珏卉（清欢）、朱怀煜、邓锋（尘埃）、张贤伟（浅景梦）

演员：王曼灵（貂蝉）、项一芯（杨贵妃）、袁艺（西施）、屠燕（王昭君）、吴空（花木兰）

2015第三届中国西塘汉服文化周
组织名单

（排名不分先后）

主办单位

北京方道文山流文化传媒有限公司

承办单位

浙江西塘旅游文化发展有限公司

北京华人版图文化传媒有限公司

协办单位

西塘假日酒店

汉服北京

温州市汉服协会

汉服微吧

北京如梦霓裳文化传媒有限公司

杭州华粹文化创意有限公司

杭州艺芸文化有限公司

北京拾玖文化发展有限公司

汉服北京控弦司

汉服北京映世阁

两岸文创国际传媒有限公司（中国台湾）

好友创意有限公司（中国台湾）

特约合作

西塘主题邮局

浙江嘉善黄酒股份有限公司

西塘老酒

河北献王酒业有限公司

西塘花制作

西塘国际旅行社

农夫山泉

汉风尚影摄影工作室

长春素奢食品有限公司

云澜湾温泉小镇

百度西塘吧

紫晶乐坊

2015第三届中国西塘汉服文化周组委会

主任：周军波

副主任：陆勇伟、秦明强

成员：许琴、周亚华、俞忠明、怀红霞

活动组

组长：怀红霞

成员：张忻昕、钟强、钟晓生、钱一波、沈亚爱

安全保卫组

组长：秦明强

成员：周亚华、俞忠明、史伟祥、唐伟新、陶雪林、钱锋

宣传组

组长：许琴

成员：钟强、裘丹、陈康

后勤保障组

组长：马瑾

成员：顾敏兴、冯惠英、周丽平、龚丽花

2015 第三届中国西塘汉服文化周策划执行工作团队

发起人：方文山、陆勇伟

活动策划制作：陈广松、怀红霞

导演：郑原良

导演组：张建文、曾依虹、黄建盛

导演助理：陈志昇、谢家豪、赖心瑀、黄婕熙

总编辑：钟强

艺术总监：江怡蓉、雨侬

音乐总监：刘原龙（老猫）

舞台总监：钟晓生

节目统筹：闫超强、马智勇、程小伦、信辉

媒体统筹：钟思潜、孟苗、王燕生、马智勇

市场统筹：张国平

行政统筹：蒋江生、马瑾、陈晓荣

统筹：皇甫月骅（魁儿）、许檬（子雨）、任韦泽（玖月）、杨波（波波）

汉服统筹：月怀玉（如梦霓裳）、何江

论坛统筹：白泽

接待统筹：冯惠英、李长红、王雯雯（子初）

道具统筹：顾敏兴、钱一波、王相幽兰（华音）

中国风市集：张忻昕

礼仪顾问：王辉（大秦）、何晓军（晴空）

礼服指导：李晓璇（银匠）

武术指导：黄旭飞

漫画设计：鹿玲满满漫画工作室

网站书法：杨涛

网页设计：王小倩

网站技术支持：旷野设计汉服荟

纪录片摄影：祝建江

视频录制：刘国立、孙会

婚礼摄影：汉风尚影摄影工作室

新闻组：陈康、操丽、周圆（东晋上虞）

服装组：王春雨（春儿哥）

化妆组：贝丝、张晓玲

安保组：陶雪林、钱锋、侯翔（天威）、唐泳韬（蜻蜓）、刘川魁（蜀一）、李子炎（孤翁）、侯帅（马提尼）、巩异凡（白羽）、韩朋超（血猎）

主持人：刘玉霖、王辉（大秦）

论坛主持人：吕美熙

汉服好声音评审团：方文山、刘原龙（老猫）、江怡蓉、王锦麟

传统弓箭评审团：许杰克、陈雪飞（雪飞）、黄炜林（忍冬）、张利

国学老师：许宏

授艺老师：郑小俏、李华、章志峰、尤骁佩、怀卫星、王辉

特邀嘉宾：徐宝宝、袁东方、紫晶乐坊

演员：黄潇潇（西施）、赵儒嫣（王昭君）、吕美熙（貂蝉）、袁艺（杨玉环）、

吴空（花木兰）、蔡雨浓、宋星静

2015 第三届中国西塘汉服文化周感谢名单（A~Z）

蔡思鹏（十九）、陈楚富（筝客）、房　翔（闲云）、高杨洋（如月十一）、巩异凡（白羽）、官倩倩（卿安）、郭　扬（素问）、韩朋超（血猎）、郝尔涛（霜林）、黄栩珊（喵呜）、黄旭飞（黄言柳）、江　南（竹子）、蒋陆洋（彩虹）、焦宏达（弹琴）、李晓璇（匠匠）、刘　娜（红豆）、刘海燕（喆喆）、欧阳晓鹰（小梅）、孙宇翔（神棍）、佟显琪（晓货）、王　琪（橙妹）、王洁清（红妆）、王梦雪（岚拉）、王相幽兰（华音）、王羽翀（10）、王玉媛（二分月）、魏丹丹（肆阿卿）、吴　凡（小十月）、谢　括（蜀黍）、徐海鹏（羽林）、张　陟（随风）、张兴宇（宇儿）、钟　离（李岱）、蔡怡林、曾　洁、陈　灵、陈　蒙、程亚涛、黛　黛、丹　丹、邓　锋、丁效跃、冯竹婉、侯　帅、胡振民、剑拂雪、姜　瑞、孔丹丹、孔罗楠、雷　军、李子炎、梁梦琪、廖虹强、林琬惠、刘　强、刘川魁、刘科伟、苗　鑫、彭　葩、钱元昭、浅　依、茜　兮、清　和、孙　振、汤德钰、汤泳韬、唐　蕊、唐　玺、田　宝、田梦琪、佟媛媛、王　鑫、王秀丽、夏　岚、夏嫣然、向婉云、萧　瑶、小　兔、谢　威、许桐军、许小坡、轩　楚、阳艺颖、尹一博、云汲子、张　菁、张鹏飞、张琦睿、张小方、赵　倩、郑雅筠、朱　婷、朱闳熙、朱韵颖

亲子方阵

陈　晶、陈红丽、陈鸿芳、陈美娟、褚燕凤、戴云燕、顾　娟、顾金娣、顾雯雯、贺　贤、胡先琴、江海燕、金静中、李　欣、梁　玉、刘蕴聪、路颖佶、马红屏、宁　亮、潘　敏、潘亮红、裘　丹、施宗男、宋晴晴、陶　源、王　琳、王　雪、王春燕、王静文、王琏毓、王如丽、王素萍、王晓东、邬燕佳、吴佳娴、夏莲洁、项勤芳、徐秋华、姚静静、叶　茂、俞丽萍、张　蓓、张　莉、张　玲、张光彩、张红芳、张建艳、章　静、周　晶、周　维、周雪勤

社团方阵

曹　阳、陈思妮、陈祥龙、董筱玥、高　慧、龚　岑、龚金燕、李　敏、李　悦、李华阳、梁开成、梁志全、刘黎晔、南　弦、牛恒昌、沈当勤、施宗男、宋羽翔、陶　冉、王若冰、吴　瑕、徐　蕾、杨春霞、章　静、赵香君、朱　军、朱志华

志愿者

阿　卿、阿　旭、毕滃文、菖　蒲、陈　曦、陈　旭、陈欢欢、成恩恩、程　玲、池宪超、单雯洁、范国擎、范建雪、范燕磊、冯　竞、冯　时、高　慧、高翌仙、龚　岑、顾玉蝶、管　子、郭研宏、国梦晓、郝　帅、郝风琴、华明月、黄　琼、黄玥瑜、灰　灰、姜　伟、焦学杰、景俊锋、郎锦灵、李　丹、李宝珍、李晨曦、李景超、李俊杰、李立群、李仁萌、李思曦、李松林、李婉婷、李唯佳、李亚楠、涟　妤、梁婉婷、林丽君、刘　虎、刘　慧、刘文举、刘洋玉、琉　璃、陆　凡、马柯柯、马鹏宇、马雯青、门　丽、苗　鑫、缪梦甜、墨　竹、倪丽丽、庞皓雯、彭际文、钱子昀、青　枝、清　初、邱佳萍、任泉榕、任泉源、任腾飞、芮小婷、玿　光、邵玉坤、沈　圣、沈佳音、慎聪聪、施欣玉、司马俊才、宋成珍、宋宇森、孙　鹏、孙孟杰、孙倩倩、孙玉芬、唐美玲、陶子烨、佟科克、王　璇、王彬彬、王菲露、王佳慧、王靖坤、王静雅、王倩雯、王倩钰、王思懿、王贤斌、王艳月、王云凤、微　澜、微　生、韦　艺、未　央、闻　风、吴　丹、吴诗琼、吴颂丹、吴筱菡、夏晓鸣、肖伊冉、肖英帅、小　糕、小　沈、小　旭、谢豫章、熊雪童、徐可心、徐书琴、玄　武、嫣　然、杨　钦、杨润泽、杨舒文、杨斯琪、杨衣芳、叶　娇、叶　可、尹艳龙、游思丹、袁　浩、张珏卉、张淑娴、张湘悦、张小方、张馨尹、张元贞、章玲芳、赵海涛、赵紫含、郑玉麒麟、周　媛、朱辰辰、朱海涛、子　雷、宗红英

国内汉服组织名录

省份（直辖市）	性质	组织全称
北京	社会组织	中国投资协会海外投资联合会文化促进中心
		北京汉服协会（筹）
	学生社团	北京城市学院国风汉服社
		北京大学服饰文化交流协会
		北京大学医学部百里汉服文化交流协会
		北京对外经贸大学元章汉服社
		北京工商大学汉未央社
		北京工业大学耿丹学院陌樱汉服社
		北京航空航天大学渊澈汉服社
		北京化工大学徵音汉服社
		北京交通大学召南汉服社
		北京科技大学尺素汉服社
		北京农学院禅心汉服社
		北京师范大学华章汉服社
		北京石油化工学院染念汉服社
		北京市第四十四中学汉服社
		北京外国语大学斫冰汉服社
		北京物资学院华锦汉服社
		北京信息科技大学子歌传统文化社
		北京邮电大学关雎汉服社
		北京语言大学霓衿汉服社
		北京中医药大学蝉衣汉服社
		防灾科技学院与子同袍汉服社
		国际关系学院鸿胪汉服社
		首都经济贸易大学凤凰汉服社
		首都师范大学缉熙汉服社

续表

省份	性质	组织全称
北京	学生社团	外交学院搴芳汉服社
		中国传媒大学子衿汉服社
		中国地质大学（北京）华裳汉服社
		中国矿业大学（北京）浮笙汉服社
		中国农业大学堇秀华服社
		中国青年政治学院含章汉服社
		中国人民大学文渊汉服社
		中国政法大学舞月汉服社
		中华女子学院婧姝女韵汉服社
		中瑞酒店管理学院扬秦汉服社
		中央财经大学玄墨汉服社
		中央美术学院扬袂汉服社
		中央民族大学惊鸿汉服社
		中央戏剧学院岂曰无衣汉服社
天津	社会组织	天津汉服文化促进会
		天津雅萱汉文化社
	学生社团	天津大学汉服社
		天津工业大学紫泪凝裳汉服社
		天津南开大学国学社
		天津农学院华胤汉服社
		天津商业大学长乐汉服社
		天津师范大学津沽学院汉韵流芳国学社
		天津师范大学子期国学社
		天津体育学院运动与文化艺术学院飞鸾阁汉服社
		天津外国语大学长歌子衿汉服社
		天津外国语锦年汉服社
		天津现代职业技术学院华韵汉服社
		天津中医药大学桐辰汉服社

续表

省份	性质	组织全称
河北	社会组织	保定揖天汉府汉服社
		沧州汉服协会
		沧州沧汉汉服社
		沧州汉唐宫阙传统文化传承社
		秦皇岛汉服
		石家庄人间入画汉服社
		石门汉韵
		唐山汉服
		邢台汉服社
		张家口张垣幽兰汉韵
	学生社团	北京交通大学海滨学院裳华汉服社
		河北北方学院鹿鸣汉服社
		河北大学工商学院汉韵华裳汉服社
		河北农业大学渤海校区沧溟汉服社
		河北师范大学溪山琴况汉服社
		衡水学院华韵汉服社
山西	社会组织	大同汉服社
		晋中汉服社
		晋城屏翰汉文化社
		临汾平阳汉文化社
		平阳汉文化社
		山西汉服联盟
		山西汉文化社
		忻州秀容汉文化社
		阳泉汉服社
		运城薰时汉学社
		长治汉风雅韵汉学社
	学生社团	晋中学院布衣汉服社
		吕梁学院子归汉文化社
		山西传媒学院墨染霓裳汉服社

续表

省份	性质	组织全称
山西	学生社团	山西大学羽林汉学社
		山西高校汉服联盟
		山西林业职业技术学院佛晓沁绿汉服社
		山西农业大学青墨汉服社
		山西农业大学信息学院汉服社
		山西师范学院朝歌汉服社
		太原工业学院汉月汉服社
		太原师范学院华章夏彩汉学社
		太原幼儿师范学院未央汉服社
		阳泉市第一中学青露汉苑
		运城学院云起汉服协会
		中北大学麟德汉学社
内蒙古	社会组织	内蒙古呼和浩特云中汉服社
		通辽漠鸣文化协会
	学生社团	内蒙古科技大学华夏汉服社
		内蒙古师范大学华裳汉服社
辽宁	社会组织	鞍山汉服社
		丹东华裳之赋汉服社
		大连鸣谦汉文化社
		辽东郡华夏风汉服社
	学生社团	渤海大学汉韵华章汉服社
		大连财经学院尔雅汉服社
		大连枫叶学校汉服社
		大连海事大学云裳汉服社
		大连交通大学汲渊汉服社
		大连理工大学华韵汉服社
		大连民族大学溯洄汉服社
		大连外国语学院文华轩汉服社
		东北大学木兰汉服社
		辽宁大学青芜汉服社

续表

省份	性质	组织全称
辽宁	学生社团	沈阳建筑大学子衿汉服社
		沈阳农业大学绮墨汉服社
		沈阳师范大学安弦汉服社
		沈阳铁路中学木槿汉服社
吉林	社会组织	吉林汉文化研究协会
		吉林大学白露汉服社
	学生社团	吉林师范大学传媒学院黍离汉服社
		延边大学华裳汉服社
		长春中医药大学夏裳汉服社
黑龙江	社会组织	大庆油城汉韵
		哈尔滨华韵丁香传统文化研习会
		哈尔滨冰城汉韵汉文化促进会
		佳木斯东极汉韵汉服社
		牡丹江青衿汉服社
		牡丹江雪裳汉服社
		齐齐哈尔鹤城汉韵
		绥化汉韵汉服社
	学生社团	哈尔滨师范大学汉学协会
		黑龙江工程学院未央汉服社
上海	社会组织	上海凤凰雅韵文化社
		上海弘昌汉学社
		上海汉未央传统文化促进中心
		上海华裳汉仪汉文化社
		上海暮烟疏雨汉服群
		上海仁弓堂汉志社
	学生社团	东华大学羽楚汉服社
		复旦大学燕曦汉服协会
		华东理工大学国风尚观汉服社
		华东师范大学洛瑛汉服社
		华东政法大学汉韵社
		上海财经大学汉服社

续表

省份	性质	组织全称
上海	学生社团	上海大学重华汉服社
		上海第二工业大学雅仪华韵汉文化社
		上海对外经贸大学思齐汉服社
		上海工程技术大学瑾瑜汉服社
		上海海洋大学汉文化社
		上海健康职业技术学院仁雅汉服社
		上海交通大学思南汉服社
		上海理工大学中英国际学院华韵堂
		上海立信会计学院长歌汉文化社
		上海杉达学院鹿鸣汉服社
		上海商学院汉服文化交流协会
		上海师范大学天华学院青衫汉服社
		上海师范大学猗兰汉服社
		上海同济大学辟雍汉服社
		上海应用技术学院棣棠汉服社
		上海中医药大学辛夷汉服社
江苏	社会组织	常州毗陵汉韵汉服社
		姑苏汉服社
		汉服盐城
		淮安市清河区汉韵国学社
		江阴延陵汉魂汉服文化协会
		金陵汉服文化协会
		句容华阳汉风汉服学社
		昆山昭华汉服社
		南京华夏传统文化传承社
		南通桃坞汉服社
		沭阳汉服文化群
		太仓昭华汉服社
		泰州汉服社

续表

省份	性质	组织全称
江苏	社会组织	无锡汉新社
		无锡花韵汉风文化社
		宿迁西楚汉服社
		徐州彭城大风汉服社
		扬州汉服社
		扬州同袍汉文化传承社
		镇江山水汉居
	学生社团	常州大学汉服社
		常州轻工职业技术学院子衿汉服社
		东南大学华风汉韵文化社
		河海大学与子同裳汉服社
		江南大学此乃汉服社
		江苏大学京口汉风汉服社
		南京大学国学社
		南京大学南韵汉服社
		南京大学生汉服交流会
		南京工业大学子不语汉服社
		南京航空航天大学无衣汉服协会
		南京理工大学麻衣如雪汉服社
		南京林业大学明远国学社
		南京农业大学砚雪汉服社
		南京审计学院华夏传统文化社
		南京师范大学静言汉服社
		南京师范大学泰州学院汉文化社
		南京晓庄学院汉文化发展研究性协会
		南京信息工程大学裳思汉服社
		南京艺术学院子衿汉服社
		南京中医药大学翰林学院科协华兴汉学分会

续表

省份	性质	组织全称
江苏	学生社团	南京中医药大学医泽兰汉服社
		南通大学汉服社
		南通高等师范专科学校汉服社
		苏州大学文正学院汉唐逸风汉服社
		苏州工艺美院汉韵汉服社
		苏州科技学院汉之苏州汉服社
		无锡商业职业技术学院汉风社
		盐城工学院尔雅汉服社
		盐城师范学院文学院国色今人汉服社
		中国传媒大学南广学院华韵汉服社
		中国药科大学国学社
浙江	社会组织	慈溪汉文化研习社
		海盐聆海明德汉文化社
		杭州千秋月汉学社
		杭州钱塘汉文化学会
		杭州忆雪江南汉服文化社
		湖州裳歌文化社
		嘉兴市未央传统文化促进中心
		金华汉服
		丽水楚之汉韵汉服国学社
		丽水市缙云华裳汉服社
		宁波市镇海区汉文化传播协会
		衢州汉服社
		台州汉服复兴者群
		温州汉之瓯越汉服社
		温州市汉服协会
		舟山汉文化交流社・芙蓉洲
	学生社团	杭州师范大学喵喵汉服社
		湖州师范学院裳歌汉服社

续表

省份	性质	组织全称
浙江	学生社团	湖州职业技术学院倾梦汉服社
		丽水职业技术学院子佩汉服社
		宁波大红鹰工商管理学院湛露汉服社
		宁波工程学院万夏汉服协会
		衢州学院子规汉服社
		绍兴文理学院元培学院蔚风汉服社
		绍兴文理学院灼华汉服社
		温州大学城市学院汉歌行
		温州大学瓯玉汉服社
		浙江财经大学仪裳社
		浙江传媒学院西子云裳汉服社
		浙江大学城市学院崇正雅集华服社
		浙江大学宁波理工学院子衿汉服社
		浙江大学溯泱汉服社
		浙江纺织服装职业技术学院明钰汉服社
		浙江工贸职业技术学院品逸社
		浙江工商大学晋临汉服社
		浙江工业大学十二章汉服社
		浙江理工大学汉未央协会
		浙江农林大学华夏有衣汉文化协会
		浙江师范大学芰荷汉服社
		浙江树人大学华韵夏章汉服社
		浙江越秀外国语学院夏风汉服社
		中国计量学院修远汉服社
安徽	社会组织	安庆宜韵汉魂
		蚌埠源启夏初汉服社
		池州泓秋社
		滁州汉风徽韵琅琊轩
		阜阳汉服

续表

省份	性质	组织全称
安徽	社会组织	阜阳界首汉服
		阜阳利辛汉服
		汉服合肥
		汉服合肥传统射艺释羽营
		汉服淮南采衣阁
		汉韵六安汉服社
		汉韵宣城
		亳州汉服
		淮北汉服文化社
		黄山徽风翰雅汉服社
		灵璧汉服社
		流云轩安徽阜阳汉服
		马鞍山兴汉国学群
		宁国汉服
		铜陵义安汉服社
		芜湖汉仪阁汉服社
		芜湖溪山汉服社
		宿州汉服社
	学生社团	安徽财贸职业学院明德国学社
		安徽大学艺术与传媒学院德昭汉服社
		安徽大学云裳汉服社
		安徽工业经济职业技术学院衿华国学社
		安徽建筑大学衿易社
		安徽理工大学素瑾汉服社
		安徽外国语学院的古韵汉文化协会
		安徽职业技术学院知礼国学社
		安徽中澳科技职业学院立德国学社
		安徽中医药大学国学社

续表

省份	性质	组织全称
安徽	学生社团	安庆师范大学华夏文礼汉服社
		蚌埠学院秋彤汉服社
		蚌埠医学院淮衿汉服社
		池州学院馥兴汉服社
		阜阳师范学院信息工程学院知秋汉服社
		阜阳师范学院雅韵子集汉服社
		合肥工业大学宣城校区采薇汉服社
		合肥工业大学致和华韵汉服社
		合肥学院汉宣社
		淮北师范大学相韵汉服社
		淮北职业技术学院清弄轩汉服社
		淮南联合大学衿德汉服社
		淮南师范学院清影汉服社
		马鞍山师范高等专科学校归云汉服社
福建	社会组织	福鼎桐韵汉服社
		福建汉服天下
		晋江市传统文化促进会
		龙岩市汉服文化研究会
		南安汉服社
		宁德汉服文化社
		莆田兴化汉服社
		三明汉服同袍会
		厦门大有复礼堂
		厦门华夏汉韵文化传播社
		厦门缘汉汉服汉礼推广中心
		漳州琉璃汉服社
	学生社团	福建工程学院苍霞汉服社
		福建江夏学院翰林学社
		福建农林大学尔雅汉服文化协会

续表

省份	性质	组织全称
福建	学生社团	福建农林大学南平校区子归韶衿汉服社
		福建师范大学福清分校青衿汉服社
		福建师范大学附属中学笙轩汉服社
		福建中医药大学思齐雅韵汉服协会
		福州大学唐棣汉服协会
		福州大学至诚学院蒙正国学社
		福州第一中学正衣汉服社
		福州私立三牧中学汉学社
		福州外国语学校华夏有衣汉服社
		福州延安中学翊歌汉服社
		华侨大学泉州校区蒹葭汉服社
		华侨大学厦门校区迩雅汉服社
		龙岩第一中学汉服社
		闽江学院中文系汉服协会
		闽南师范大学九龙韵汉服社
		南平一中道南汉服文化社
		泉州黎明职业大学汉文化协会
		厦门城市职业学院青葵汉服社
		厦门大学国学社
		厦门大学嘉庚学院汉之华章汉服社
		厦门理工学院青衿汉服协会
		漳州第三中学汉服社
		漳州第一中学汉服社
山东	社会组织	滨州汉服文化协会
		德州汉服社
		东营汉服群
		肥城汉服社
		汉服济南
		汉服威海群

续表

省份	性质	组织全称
山东	社会组织	菏泽泽裳汉韵汉服社
		济南华裳苑
		济宁墨华汉学社
		稷下霓裳 - 滨州汉服群
		莱芜汉服社
		聊城水韵华裳汉服协会
		临沂汉服
		青岛汉服社
		青岛琴屿汉风
		日照汉服文化协会
		日照猗兰传统文化学社
		泰安泰山汉服会
		潍坊汉服社
		烟台传统文化会
		烟台汉服文化协会
		枣庄汉服
		淄博稷下霓裳汉服社
	学生社团	滨州医学院衿夏汉服文化协会
		济南大学博雅汉服社
		聊城大学东昌学院瞻玉汉服社
		聊城大学淇奥汉服社
		齐鲁工业大学礼韵汉服社
		齐鲁理工学院青青子衿汉服社
		青岛大学汉服社
		青岛高校汉服联盟
		曲阜师范大学羲和汉服社
		山东畜牧兽医职业学院传统文化服饰研究会
		山东大学季棠汉服社

续表

省份	性质	组织全称
山东	学生社团	山东大学威海校区锦瑟汉服社
		山东工商学院汉章国文协会
		山东工艺美术学院国学汉服社
		山东力明科技职业学院鲁韵华裳汉服社
		山东女子学院棣棠国学社
		山东商务职业学院青青子衿汉服社
		山东省实验中学檀华汉服社
		山东师范大学流光画雨汉服社
		山东水利职业学院龙韵华章汉服社
		山东外国语学院汉服协会
		山东医学高等专科学院琳琅汉服社
		山东艺术学院琴心汉韵汉服社
		山东英才学院夏裳汉服社
		泰山学院汉仪华章汉服组
		潍坊学院鸾飞汉服社
		烟台大学华夏有衣汉服社
		中国石油大学弦歌汉服社
江西	社会组织	赣西汉服
		赣州汉民族传统文化协会
		景德镇昌南华风社
		九江黄梅承汉堂汉文化社
		庐陵汉服社
		南昌豫章传统文化社
		浔阳汉章汉服社
		宜春汉服
	学生社团	东华理工大学长江学院咏裳汉服社
		华东交通大学钩沉汉服协会
		江西财经大学令仪汉服社
		江西工艺美术学院瓷校华风社

续表

省份	性质	组织全称
江西	学生社团	江西科技学院钟陵汉服社
		江西师范大学中正汉服协会
		江西应用科技学院黍离汉服社
		江西中医药大学佩兰汉服社
		景德镇陶瓷大学汉韵文化传播协会
		景德镇陶瓷大学科技艺术学院华夏遗风社
		景德镇学院汉服社
		南昌工程学院清苑墨韵汉服社
		南昌理工学院华兴汉服社
		新余学院文渊汉服社
河南	社会组织	开封汉服社
		洛阳传统文化研究会
		商丘应天汉服社
		新乡汉服社
		信阳豫南楚风汉韵社
		中原汉服传统文化交流会
		驻马店天中汉服
	学生社团	安阳工学院思归汉服协会
		安阳师范学院汉服协会
		河南财经政法大学汉家衣韵汉服社
		河南城建学院惜萍汉服社
		河南大学汉服社
		河南大学襟云汉服社
		河南大学民生学院有狐汉服社
		河南工业大学芰荷汉服社
		河南工业大学中英国际学院子衿汉服社
		河南科技大学皓兮汉服社
		河南科技学院青衿凝雅汉韵社

续表

省份	性质	组织全称
河南	学生社团	河南农业大学华夏之风汉服社
		河南师范大学华夏未央汉服社
		河南中医学院中国传统文化爱好者协会
		开封大学岂曰无衣汉服文化社
		洛阳师范学院华夏霓裳汉服社
		南阳理工学院玖珂汉服社
		南阳理工中医学院宛鄰汉服社
		南阳师范学院灼华汉服社
		三门峡职业技术学院华渊汉服社
		商丘师范学院未晞汉服社
		新乡学院桃之夭夭汉服社
		郑州财经学院宫商徵羽汉服社
		郑州成功财经学院汉服社
		郑州大学襟云汉服社
		郑州大学西亚斯国际学院华夏汉服社
		郑州升达经贸管理学院子衿汉服社
		郑州市第四十七中学云裳汉服社
		中原文化艺术学院华容汉服社
		周口师范学院霓裳汉服社
湖北	社会组织	鄂州汉文化促进会
		黄石问渠舍汉服文化
		荆楚文化社
		荆州透骨生香汉服社
		十堰汉文化汉服群
		武汉古华汉服社
		武汉君平汉服社
		武汉云汉汉服社
		武汉灼华汉服社
		襄阳汉服社

续表

省份	性质	组织全称
湖北	社会组织	孝感汉服同好荟
		阳新汉服社
		宜昌汉文化研究会
	学生社团	湖北大学知行学院子歌汉服社
		湖北工程学院华章汉服社
		湖北工业大学墨染春秋汉服社
		湖北经济学院法商学院沧浪汉服
		湖北师范大学问渠汉服社
		湖北文理学院汉风襄韵汉服社
		华中科技大学文华学院楚麟汉服社
		华中科技大学瑜山国学社
		华中农业大学楚天学院静笃汉服社
		华中师范大学桂棹国学社
		江汉大学楚韵汉服社
		江汉大学文理学院秦风汉服社
		三峡大学汉服社
		沙市中学习坎汉服社
		武昌职业学院桃夭汉服社
		武汉大学汉服协会
		武汉大学珞源国学社
		武汉东湖学院采薇汉服社
		武汉东湖中学灼华古韵汉服社
		武汉纺织大学楚风汉服社
		武汉科技工程学院青衿汉服社
		武汉理工大学风炎汉服社
		武汉软件工程职业学院汉艺苑汉服社
		武汉商贸职业学院华夏汉服社
		武汉生物工程学院汉服社

续表

省份	性质	组织全称
湖北	学生社团	武汉外国语学校清濯汉服社
		武汉文理学院华章汉服社
		长江大学文理学院秋水汉服社
		中国地质大学子衿汉服社
湖南	社会组织	常德德行天下汉服社
		郴州汉服
		大汉衡阳汉服汉文化群
		汉服永州
		汉服长沙
		汉文化·湘韵鹤城
		衡阳雁回汉雅汉文化研习社
		邵阳宝庆汉韵汉服社
		湘潭古莲汉韵社
		潇湘汉服社
		益阳暝益汉熙
		岳阳汉服
		株洲汉服
	学生社团	衡阳师范大学汉风汉服社
		湖南财政经济学院采薇汉服社
		湖南城市学院往来汉服社
		湖南大众传媒职业技术学院汉韵雅墨协会
		湖南高速铁路职业技术学院南风汉服社
		湖南工贸技师学院灼华古韵汉文化社
		湖南工学院雁寻汉文化研习社
		湖南工业大学楚韵汉服社
		湖南工业职业技术学院天心阁文学社礼韵汉服部
		湖南工艺美术学院思无邪汉服社
		湖南化工职业技术学院沁墨锦国风社
		湖南交通工程学院子衿汉服社

续表

省份	性质	组织全称
湖南	学生社团	湖南商学院北津学院惟楚经年汉文化社
		湖南师范大学汉韵学社
		湖南中医药大学汉韵衣风汉文化研习社
		吉首大学张家界校区宫羽汉服社
		南华大学汉服社
		湘西州民族中学正仪司汉汉服社
		长沙民政职业技术学院华韵汉服社
		中南大学楚天汉服社
		中南大学湘雅医学院汉服社
广东	社会组织	潮州府城兴汉会
		东莞汉服文化艺术分会
		东莞市莞香汉韵文化社
		佛山炎夏汉服社
		广州汉民族传统文化研习会
		广州岭南汉服文化研究会
		汉服深圳
		汉服珠海
		惠州汉服社
		惠州市鹅城汉韵国学社
		江门华夏文化研习社
		揭阳汉潮汉服
		梅州汉服群
		鹏城汉民族文化交流会
		汕头汉服社
		韶关汉服社
		湛江市国学研究中心汉文化研习部
		中山市汉文化促进会
	学生社团	北京师范大学珠海分校南嘉汉服社

续表

省份	性质	组织全称
广东	学生社团	广东白云学院云衣汉服社
		广东第二师范学院花都校区汉服协会
		广东海洋大学寸金学院致和汉服社
		广东海洋大学修远汉服社
		广东环保学院汉服社
		广东警官学院行歌子衿社
		广东商学院华商学院斯汀紫雅汉服文化部
		广东实验中学汉服社
		广东外语外贸大学南国商学院南国汉服协会
		广州城建职业学院风涅汉文化协会
		广州大学华软软件学院华筵汉服协会
		广州工商学院雅轩汉服协会
		广州商学院九歌汉服协会
		广州外语外贸大学华笙汉服文化社
		广州中医药大学江蓠汉服协会
		华南理工大学广州学院华冕汉服社
		华南理工大学子非鱼汉服社
		华南农业大学南蓁汉服社
		华南农业大学珠江学院葙礼汉服社
		华南师范大学大学城校区青墨古风汉服社
		华南师范大学华韵汉服社
		暨南大学南枝汉服社
		南方医科大学致臻汉服文化社
		韶关学院韶韵华风汉服协会
		深圳职业技术学院汉服社
		阳江市第一中学尔雅汉服社
		湛江市第二中学成至汉服社

续表

省份	性质	组织全称
广东	学生社团	湛江市第一中学鼎仪汉服社
		中山大学南方学院南芳汉服协会
		中山大学铜雀汉服文化协会
广西	社会组织	北海汉服社
		广西华夏文化交流会
		贵港汉服社
		桂林汉家衣裳交流会
		贺州汉服及传统文化交流中心
		柳州市汉源文化促进会
		柳州市民高古韵诵华汉服社
		钦州汉服
		邕州华夏民俗社
	学生社团	广西大学华夏汉服社
		广西民族大学相思湖学院采薇汉服社
		广西民族大学子非鱼汉服社
		广西民族师范学院子衿汉服社
		广西师范大学靖江汉韵社
		广西外国语学院青竹汉服社
		广西艺术学院锦绣中华汉服社
		桂林电子科技大学信息科技学院思穹汉服社
		桂林理工大学青庭汉服社
		桂林旅游学院漓裳汉服社
		桂林师范高等专科学校锦朔汉研社
		桂林医学院杏林汉服社
		南宁市第二中学轩辕汉服社
		钦州学院中文与传媒学院鹿鸣汉服社
海南	社会组织	琼州汉服社
	学生社团	海口经济学院华魅汉服社

续表

省份	性质	组织全称
海南	学生社团	海口中学玉帛汉服社
		海南大学有衣云裳汉服社
		海南师范大学棠棣汉服社
		三亚学院溪山汉服社
重庆	社会组织	綦韵汉风
		忠州汉服社
		重庆汉风雅叙社
		重庆合川汉服群
	学生社团	四川美术学院华服雅轩汉服社
		四川外国语大学青衿汉服社
		西南大学汉服协会
		西南政法大学华章夏韵汉服社
		重庆八中汉韵汉服社
		重庆大学与子同袍汉文化协会
		重庆工商大学南山传统文化交流研习社
		重庆理工大学翰辰汉服文化社
		重庆南开中学芰荷汉服社
		重庆师范大学涉外商贸学院华采未央汉服协会
		重庆医科大学於飞汉服社
		重庆邮电大学镝鹤汉服文化协会
四川	社会组织	巴中瑾瑜汉服社
		成都市传统文化保护协会汉文化研究会
		达州汉服
		德阳汉文化研究会
		德阳汉学会
		广元汉服文化协会
		汉州传统文化交流学会
		眉山传统文化群
		绵阳清韵汉文化社
		南充安汉汉服
		内江汉服

续表

省份	性质	组织全称
四川	社会组织	蜀风汉韵
		四川传统文化交流会
		遂宁汉服社
		西蜀汉嘉州礼乐社
		宜宾汉民族文化社
		资阳汉服同袍群
		自贡汉服同袍社
	学生社团	成都大学日映汉服社
		成都大学中职部子不语汉服社
		成都东软学院国风汉服社
		成都信息工程学院银杏酒店管理学院汉韵社
		成都中医药大学疏帘淡月汉服社
		川北幼儿师范高等专科学校琴缦汉服社
		德阳外国语华羲汉服社
		电子科技大学成都学院日晞汉服社
		乐山师范学院嘉韵汉风社
		绵阳师范学院子佩汉服社
		绵阳职业技术学院宫羽古风汉服社
		南充师范学校汉衿汉服社
		内江师范学院锦衾汉服社
		攀枝花学院汉服社
		石室中学云裳汉服社
		四川传媒学院华风雅韵汉服社
		四川大学魂归华夏汉服群
		四川大学锦城学院华韵霓裳汉服社
		四川大学舍南有竹汉服文化协会
		四川国际标榜职业学院凤梧汉服社
		四川理工汉服同袍群
		四川旅游学院三生汉服社
		四川农业大学成都校区汉文化社
		四川农业大学都江堰校区有枢汉服社

续表

省份	性质	组织全称
四川	学生社团	四川农业大学清濯汉服社
		四川三河职业学院荔江汉服社
		四川师范大学汉服社
		四川天一学院汉唐衣韵汉服社
		四川文理学院蒹葭汉服社
		四川西华师范大学华裳汉文化学会
		四川职业技术学院怀瑾汉服社
		西华大学服章之华汉服社
		西南财经大学天府学院古韵汉服社
		西南财经大学子裳汉服社
		西南交通大学汉服协会
		西南科技大学汉文化协会
		长江学院锦华汉服社
贵州	社会组织	黔中汉韵社
		兴汉贵州
		遵义兴汉群
	学生社团	安顺市二中玉轩汉服社
		贵阳中医学院静岚阁汉服社
		贵州财经大学商务学院汉邦汉服社
		贵州大学汉风府
		贵州商学院斯年汉服文化社
		贵州师大附中汉研社
		贵州师范大学花溪校区汉韵社
		贵州师范大学求是学院汉韵社
		印江民族中学汉服社
		遵义第四中学花冢汉服社
云南	社会组织	安宁遥岑汉服社
		流云轩云南汉服群

续表

省份	性质	组织全称
云南	社会组织	师宗汉服
		云南汉服文化协会
	学生社团	保山学院昭明汉服社
		大理大学袭羽裳汉服社
		滇池学院汉服社
		昆明理工大学汉服社
		昆明市第三十一中学汉服社
		昆明市第三中学篆音汉服社
		昆明市第十二中学汉风雅斋汉服社
		昆明市第一中学关山月汉服社
		昆明市第一中学西山学校汉服社
		昆明学院宸鸾阁汉服社
		昆明冶金高等专科学校国学社
		昆明医科大学海源学院汉服社
		昆明艺术职业学院墨雅汉服社
		西南林业大学汉服社
		玉溪师范学院墨韵汉服社
		云大附中星耀校区翩跹影惊鸿汉服社
		云南财经大学汉尚汉服社
		云南大学汉服社
		云南工程职业学院国学社
		云南经济管理学院鸿雅国学社
		云南经贸管理学校华韵汉服社
		云南民族大学且吟汉服社
		云南师范大学附属中学汉服社
		云南师范大学华韵典章汉服社
		云南师范大学商学院汉服社
		云南师范大学实验中学汉服社

续表

省份	性质	组织全称
云南	学生社团	云南师范大学文理学院云章汉服社
		云南艺术学院汉服社
		云南艺术学院文化学院汉未央汉服社
		云南中医学院汉服社
		昭通学院乌蒙汉服社
陕西	社会组织	宝鸡汉服
		汉中汉服
		京兆长安
		始曌长安
		渭南汉服
		西安汉服
		咸阳汉服社
	学生社团	宝鸡文理学院凤舞云裳汉服社
		汉中中学汉韵汉服社
		陕西安康学院华韵汉服社
		商洛学院清商汉服学社
		渭南师范学院渭华秦风汉服社
		西安翻译学院国学社
		西安工程大学汉文化协会
		西安航空学院徵音汉服社
		西安建筑科技大学华韵汉服社
		西安美术学院墨韵汉服社
		西安欧亚学院国学社
		西安欧亚学院崖山汉服社
		西安外国语大学九洲汉服社
		西安文理学院青青子衿汉学社
		西北大学汉服社
		西北政法大学衿熙汉服社

续表

省份	性质	组织全称
陕西	学生社团	西藏民族大学汉服协会
		西京学院汉服社
甘肃	社会组织	汉韵敦煌
		汉韵酒泉
		汉韵玉门
		嘉峪关汉服
		兰州襜如衣冠汉风社
		兰州汉服礼仪社
		兰州汉服雅集会
		兰州汉韵金城汉服社
		天水承羽汉风
		天水逸翩汉服社
	学生社团	甘肃高校国学联盟
		甘肃农业大学国学社
		兰州财经大学传统文化研习会
		兰州工业学院汉服雅逸会
		兰州交通大学国学社
		西北师范大学国学社
		西北师范大学知行学院汉服社
宁夏	社会组织	宁夏汉服协会
		凤栖贺兰汉服宁夏
	学生社团	宁夏佩兰汉服社
		银川第二中学绿衣汉服社
		宁夏大学雅寒国学社
青海	社会组织	青海流云裳雅集社
		西宁青平汉风
	学生社团	青海大学华夏子衿文化社

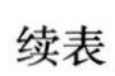

续表

省份	性质	组织全称
新疆	社会组织	阿克苏白水汉风社
		克拉玛依汉服社
		库尔勒明珠汉服社
		新疆都护府汉服社
		伊犁汉服社
	学生社团	石河子市第一中学清漪汉服社
		新疆大学兰亭国学社
		新疆生产建设兵团兴新职业技术学院卿雅汉服社
		新疆师范大学西府华韵传统文化研习社
		新疆石河子大学子水月汉韵学社
		新疆塔里木大学竹露荷风汉宣社
		新疆医科大学归懿汉服社
		新疆医科大学厚博学院校区德音汉风社
		新疆艺术学院舜德传统文化协会
中国澳门	社会组织	澳门汉服同袍交流群
中国香港	社会组织	汉服香港
中国台湾	社会组织	台湾鹿山文社
		中华大汉
		中华汉服文化创意发展协会

续表

省份	性质	组织全称
其他	公众平台	汉服吧
		汉服动漫
		汉服汇
		汉服荟
		汉服商家吧
		汉服网
		汉服微吧
		天汉民族文化论坛
	实体组织	汉服春晚节目策划组
		《汉服时代》杂志
		汉服同袍传统文化交流教学中心
		汉晴画轩原创漫画团队

海外汉服组织名录

洲别	性质	组织全称
亚洲	社会组织	马来西亚汉服运动
		日本出云汉韵社
		新加坡汉文化协会
		韩国中华汉韵社
欧洲	社会组织	北欧汉服社
		比利时华风汉服协会
		德国汉文社
		俄罗斯汉服同袍联盟
		法国博衍汉章传统研习会
		荷兰传统文化交流社
		伊比利亚汉服社
		意大利烨桦汉服社
		英国汉文化协会（英伦汉风）
美洲	社会组织	北美涵容汉文化雅集
		多伦多礼乐汉服文化协会
		华盛顿 DC 扶摇汉服社
		美国南加州华人汉服协会
		美国亚利桑那州汉服群
		纽约州汉服社
		温哥华汉服学社
	学生社团	纽约雪城大学九歌汉服社
		美国普度大学普度汉文化协会
大洋洲	社会组织	阿德莱德汉韵华裳汉服社
		布里斯班汉服群
		堪培拉汉服群
		墨尔本汉文化协会
		悉尼汉服同袍会
		新西兰汉服

汉服民间组织一览表

名称	性质	成立时间	注册
洛阳传统文化研究会	社会团体	2011年6月	市民政局
宜昌汉文化研究会		2012年6月	市民政局
晋江市传统文化促进会		2012年12月	市民政局
温州市汉服协会		2013年1月	市民政局
宁波市镇海区汉文化传播协会		2013年7月	区民政局
中山市汉文化促进会		2013年8月	市民政局
南京华夏传统文化传承社		2013年10月	区民政局
柳州市汉源文化促进会		2013年11月	市民政局
日照汉服文化协会		2016年5月	市民政局
上海汉未央传统文化促进中心	民办非企业单位	2005年12月	区民政局
嘉兴市未央传统文化促进中心		2010年4月	市民政局
淮安市清河区汉韵国学社		2015年12月	区民政局
镇江市山水汉居传统文化研习社		2016年5月	市民政局
中华汉韵社	非营利性组织	2010年3月	韩国首尔市政厅
温哥华汉服学社		2010年5月	加拿大卑诗省
多伦多礼乐汉服文化协会		2014年6月	加拿大联邦政府

汉服组织分会及内设机构一览表

名称	性质	成立时间	隶属单位
中国投资协会海外投资联合会文化促进中心	直属分会	2016 年	中国投资协会
马来西亚汉服运动		2007 年	马来西亚青年运动
英国汉文化协会（英伦汉风）		2013 年	英国中华传统文化研究院
东莞汉服文化艺术分会（东莞汉服社）		2013 年	东莞市民间文艺协会
嘉兴汉风社		2015 年 4 月	嘉兴市文联
福建汉服天下管委会	内设委员会	2007 年	福州市仓山区传统文化促进会
成都汉文化研究专业委员会		2013 年	成都市传统文化保护协会
湛江市国学研究中心汉文化研习部		2014 年	湛江市国学研究中心
哈尔滨冰城汉韵汉文化促进会		2016 年	黑龙江国学雅艺学会

汉服商业机构一览表

名称	性质	成立时间	注册
成都重回汉唐科技有限公司	有限责任公司	2011 年 2 月	市工商局
厦门缘汉文化传播有限公司		2012 年 6 月	工商局
宜昌楚嗣文化传播有限公司		2013 年 5 月	市工商局
淮安汉缘文化工作室		2013 年 10 月	区工商局
深圳汉服荟网络科技有限公司		2014 年 5 月	市工商局
北京如梦霓裳文化传媒有限公司		2015 年 1 月	市工商局
成都重回汉唐文化传播有限公司		2015 年 7 月	市工商局
苏州初尘居文化传播有限公司		2015 年 12 月	园区工商局
成都重回汉唐服装店	个体工商户	2007 年 8 月	市工商局
嘉兴玺之堂礼仪策划工作室		2013 年 3 月	镇工商局
嘉兴凤采文化传播工作室		2015 年 3 月	市工商局
景德镇泥扑视觉文化工作室		2016 年 3 月	县工商局

第一届汉服文化周精彩回眸

▲ 吴华江为方文山颁发证书

▲ 传统乡饮酒礼进行时

1. 世界纪录西塘诞生，方文山引领汉服新风潮

在世界纪录协会中国香港总部高级认证官吴华江的见证下，由 370 名来自海内外汉服同袍身着各式汉服，创造了传统乡饮酒礼参加人数最多的世界纪录，吴华江为方文山颁发了证书。

▲ 方文山与传统乡饮酒礼参礼人员

▲ 传统乡饮酒礼参礼人员

▲ 少数民族朋友祈福瞬间

2. 少数民族服饰与汉服同台亮相

开幕式中，少数民族服饰与汉服同台亮相。这场民族服饰文化的盛宴，寓意民族团结，携手并进，一同展望美好未来。

▲ 对唱版《汉服青史》，汉服时装与流行音乐的交融

▲ 185 CREW 祈福瞬间

▲ 方文山和众嘉宾祈福瞬间

▲ 十二金钗祈福瞬间

3. 最美的愿望让“云知道”

方文山携汉服文化周十二形象大使、185 CREW及众嘉宾，书写“云知道”卡片，为传统文化的未来祈福。

▲ 方文山呼吁大家一起加入环保行列

▲ 方文山与所有活动参与者一起为古镇环保而努力

▲ 古镇的环境保护，需要每一个人参与

4. 为古镇留下绿水蓝天

方文山带领汉服同袍一起走进西塘古镇，进行“环抱西塘，珍爱地球”的环保活动，为西塘捡拾烟头，清理废弃物，以实际行动倡导环境保护。

▲《听见下雨的声音》
幕后花絮观影会

▲ 汉服之夜，传统与时尚的狂欢

▲ 汉服之夜，同袍们欢聚一堂

▼方文山放河灯祈福

5. 汉服之夜，传承之“心”点亮河灯

方文山携十二形象大使，在游船渡口点燃传承之“芯”，串联星火，河灯传递。

▲ 方文山祝福新人

▲ 新人行合卺礼

6. 台湾地区新人举行唐制婚礼，方文山当证婚人

台湾地区新人以唐制婚礼为蓝本，依次进行沃盥、对席、同牢、合卺和结发等礼仪。这是西塘古镇举办的第一次汉服婚礼，也是我国台湾同胞在内地举办的首例唐制婚礼。

▲ 百家论坛上济济一堂

7. 百家争鸣，十年一剑汉服吟

汉服文化周分别举办了“高峰论坛”与“百家论坛”两场论坛，分别邀请了当代对传统服饰礼仪文化具有学术建树的专家学者、各地社团负责人等，分享、探讨汉服运动的历程及未来发展。

▲ 十二章纹服饰展示

8. 十二章纹，传统与潮流碰撞而出的美丽

首届汉服文化周的形象大使们穿着以古代十二章纹为灵感而设计的汉服时装，在古镇十二个景点里，为活动参与者和游客展示服饰并印盖纪念章。

▲ 中国风市集汉服展位

▲ 中国风市集一角

▲ 中国风市集文创展位

9. 中国风集市，这里出售“中国风”

中国风市集里文创商品琳琅满目，不仅有中国台湾故宫携书法胶带、纪念邮票、卡通小摆件等来助阵，还有中华邮政为活动定制的十二花语邮票，两岸文创公司的方周汉服形象毛巾、汉服胶带等。

10. 汉服穿梭西塘古镇

◀ 汉服同袍在活动主会场

▲ 十二形象大使与西塘景区互动

第二届汉服文化周精彩回眸

▲ 朝代嘉年华方阵全景

▲ 首仪仗方阵行进中

1. 衣之形式，礼之端仪：擂鼓响起，不容错过的开场阵容

朝代嘉年华开启第二届中华民族服饰展演·西塘汉服文化周的序幕。首仪仗参考《出警入跸图》，气势恢宏，尽显明代仪仗的威仪。

▲ 朝代嘉年华方阵一览

▼ 汉方阵行进中

▲ 唐方阵进行中

▼ 明方阵进行中

▲ 周方阵孔子Q版人偶

2. 朝代嘉年华，历史人物集结号

朝代嘉年华包含了十一个方阵，每个朝代方阵由两个内容展现，一是典故之体现，二是当代特色服饰集体展示。以孔子、张骞、王羲之、岳飞、李时珍等历史人物展现博学、进取、报国等传统文化及民族精神。

▲ 汉方阵张骞持节

▲ 宋方阵岳家军

▲ 准备进行撒土，种下汉服文化树

▲ 完成文化扎根仪式

3. 扎根仪式，集齐四方土，浇灌文化张力

方文山、四大美人与主办方代表一起，用世界各地汉服同袍带来的四方土种下“汉服文化树”。

◀ 方文山在主会场进行万人大演讲

4. 文山大演讲，燃烧鼎沸热情

方文山大演讲在主会场开始，对话“这个世代，我们需要怎样的汉服”。方文山的演讲深入浅出，赢得了全场的掌声。

▲ 方文山在青年论坛上对话汉服

▲ 箭阵表演之蓄势待发

▲ 箭阵表演之准备就绪

5. 西塘大点兵，箭阵来操演

控弦司的帅哥们弓如满月，箭无虚发，箭阵表演霸气十足，让观众不禁鼓掌欢呼。

▲ 箭阵表演之箭无虚发

▲ 项一芯演唱《汉服青史》

▼ 同袍们欢聚一堂

▼ 伞舞表演

6. 汉服之夜百媚生，《汉服青史》留

汉服之夜上歌手项一芯带来《汉服青史》，四美之一“杨玉环”回眸一笑百媚生，引起全场共鸣。晚会上还有各地汉服社团带来的才艺表演。

▲ 射礼之请射

▲ 射礼之一番射

7. 汉服力量，中国制造——射礼原来是这样

精彩绝伦的乡射礼仪式开始，与赛两方君子之争，展现数千年华夏礼乐文明内涵的真正“弓道”。

▲ 河灯祈福

8. 河灯祈福，传承华夏民族传统祈福习俗

穿一套汉服，放一盏传承之灯，串联星火，河灯传递。天上月、水上灯，流淌着一年的情怀，一期一会，迸发出传统正能量。

▲ 四美携人偶合影

9. 如果这都不算萌：Q 版人偶首番大公开

项一芯、王曼灵、屠燕、袁艺（从左到右）演绎古代四大美人，与 Q 版人偶站在一起，一同与观众合影。

▲ 众人惜别，期待再会

▲ 观众依依惜别

10. 第二届落幕，众人惜别期待第三届

活动圆满闭幕，众人依依惜别，期待来年西塘再会。

第三届汉服文化周精彩回眸

◀ 朝代嘉年华方阵全景（正面）

朝代嘉年华方阵全景（侧面）▼

1. 朝代嘉年华

如果说纷繁更迭的朝代，是散落在浩繁古卷中光华难掩的明珠，那么朝代嘉年华便是串缀起这些散珠的线，悠悠五千年历史凝集于一个小时的展演当中，为观众奉上了一场视觉盛宴。

◀ 领导和嘉宾与朝代嘉年华方阵合影

▲ 旗帜方阵行进中

▼ 唐方阵行进中

▲ 亲子方阵行进中

▼ 汉方阵行进中

▲"万箭齐发"盛况

▲ 射手风采

2. 百闻不如一"箭"，首届"西塘杯传统弓射邀请赛"开战啦！

国之大事，在祀与戎。射箭不仅被列入儒家六艺范畴内，更是自古强身健体好方法。百闻不如一"箭"，西塘大点兵！

▲ 方文山在高峰论坛上致辞

▲ 马来西亚汉服协会会长发言

3. 百家争鸣，开创汉服新世代

西塘汉服文化周高峰论坛自创办以来，广泛汇聚业内外资源，提供高水平的学术成果，积极为汉服运动的可持续发展建言献策，致力于搭建一个开展交流、增进了解、加强合作的平台。

▲“汉服好声音”参与选手

▲“汉服好声音”四强

4. 好声音，就要唱出来

着一身汉服，唱一首心中之歌，在西塘来一场声音的对决。

▲ 新人准备入场

▲ 新人答谢宾客

5. “塘”风婚礼，西塘遇见爱情

传统华夏婚礼，见证隽永一刻。一场精美的集体婚礼，荡漾水上，尽展千年之恋。方文山与现场广大同袍，一同见证这溯源本初，来自全国各地10对新人的华夏民族传统婚礼。

▲ 热闹非凡的中国风市集

▲ 现场体验糖画制作

6. 中国风市集，汉服让生活更美好

“市列珠玑，户盈罗绮。”柳永词中对江南都会的市集繁华早有描述，令人心往神驰。这是一场汉服及传统文化创意的大集会，驻足在玲琅满目的摊位前，四美茶包、汉服饼干、DIY 明信片、投壶射箭、传统手工艺制作等，让你欲罢不能。

▲ 方文山与鹿玲满满

▲ 游客观赏 Q 版《韩熙载夜宴图》

7. 中国风漫画展

漫画家鹿玲满满根据传世名画《韩熙载夜宴图》以 Q 版漫画表达出来，再现原作细致入微的服饰描绘，以及惟妙惟肖的人物表情，兼具传统工笔的巧致严谨和现代漫画的呆萌可爱，别出心裁。

◀ 国学课堂

8. 国学 · 四艺，闲逸时光里的生活美学

▼茶百戏课堂

点茶、焚香、插花、挂画，并称“生活四艺”，加之国学礼仪，让生活慢一点，文明一点，感受精致与礼仪。在日常生活中融入艺术气息和文明举止，这就是东方美学的生活方式，也是中国自古被誉为“礼仪之邦”的底气。

◀ 花艺展示

▲ 谢幕

▲ 唐制婚服展示

9. 汉潮水上 T 台秀，汉元素时尚设计展

以汉服作为灵感来源，表现出旺盛的生命力。这是一场与众不同的汉元素服装展示，融入水乡风情，一展传统与时尚创新结合之美。

▲ 汉服 BBQ 现场

▲ 汉服 BBQ 进行时

10. 汉服 BBQ

穿着汉服吃烧烤，品的是汉服生活。也许你只吃了一串烤肉，但同时也享受了一缕清风、一抹月光，以及一片情意……

第四届
中国西塘漢服文化周

2016.10.29-11.01

指导单位：中国投资协会海外投资联合会文化促进中心

合作伙伴：西塘主题邮局　西塘假日酒店

协办单位：北京华人版图文化传媒有限公司
浙江西塘旅游文化发展有限公司

主办单位：北京方道文山流文化传媒有限公司

现代的你和我
走在明清的建筑中
看唐宋的镇
踩着春秋的水
穿着汉服一同感受
西塘汉服文化周

中国西塘汉服文化周历届精彩视频回顾

第一届：http://v.youku.com/v_show/id_XNjYxNzUyNjEy.html

第二届：http://v.qq.com/x/page/i0165udca0g.html

第三届：http://v.qq.com/x/page/c01771fp74g.html